uni—texte

Lehrbücher

A. J. Baden Fuller, Mikrowellen
G. M. Barrow, Physikalische Chemie I, II, III
W. L. Bontsch-Brujewitsch / I. P. Swaigin / I. W. Karpenko / A. G. Mironow,
Aufgabensammlung zur Halbleiterphysik
L. Collatz / J. Albrecht, Aufgaben aus der Angewandten Mathematik I, II
W. Czech, Übungsaufgaben aus der Experimentalphysik
H. Dallmann / K.-H. Elster, Einführung in die höhere Mathematik
M. Denis-Papin / G. Cullmann, Übungsaufgaben zur Informationstheorie
M. J. S. Dewar, Einführung in die moderne Chemie
P. B. Dorain, Symmetrie und anorganische Strukturchemie
M. Durand / P. Favard, Die Zelle
N. W. Efimow, Höhere Geometrie I, II
A. P. French, Spezielle Relativitätstheorie
D. Geist, Halbleiterphysik I, II
W. L. Ginsburg / L. M. Levin / S. P. Strelkow, Aufgabensammlung der Physik I
P. Guillery, Werkstoffkunde für Elektroingenieure
J. G. Holbrook, Laplace-Transformation
Ch. Houillon, Sexualität
I. Ye. Irodov, Aufgaben zur Atom- und Kernphysik
D. Kind, Einführung in die Hochspannungs-Versuchstechnik
S. G. Krein / V. N. Uschakowa, Vorstufe zur höheren Mathematik
Krischner, Einführung in die Röntgenfeinstrukturanalyse
H. Lau / W. Hardt, Energieverteilung
R. Ludwig, Methoden der Fehler- und Ausgleichsrechnung
E. Meyer / R. Pottel, Physikalische Grundlagen der Hochfrequenztechnik
E. Poulsen Nautrup, Grundpraktikum der organischen Chemie
L. Prandtl / K. Oswatitsch / K. Wieghardt, Führer durch die Strömungslehre
J. Ruge, Technologie der Werkstoffe
W. Rieder, Plasma und Lichtbogen
H. Sachsse, Einführung in die Kybernetik
D. Schuller, Thermodynamik
F. G. Taegen, Einführung in die Theorie der elektrischen Maschinen I, II
W. Tutschke, Grundlagen der Funktionentheorie
W. Tutschke, Grundlagen der reellen Analysis I, II
H.-G. Unger, Elektromagnetische Wellen I, II
H.-G. Unger, Quantenelektronik
H.-G. Unger / W. Schultz, Elektronische Bauelemente und Netzwerke I, II, III
B. Vauquois, Wahrscheinlichkeitsrechnung
W. Wuest, Strömungsmeßtechnik

Skripten

J. Behne / W. Muschik / M. Päsler,
Ringvorlesung zur Theoretischen Physik, Theorie der Elektrizität
H. Feldmann, Einführung in ALGOL 60
O. Hittmair / G. Adam, Ringvorlesung zur Theoretischen Physik, Wärmetheorie
H. Jordan / M. Weis, Asynchronmaschinen
H. Kamp / H. Pudlatz, Einführung in die Programmiersprache PL/1
G. Lamprecht, Einführung in die Programmiersprache FORTRAN IV
E. Macherauch, Praktikum in Werkstoffkunde
E.-U. Schlünder, Einführung in die Wärme- und Stoffübertragung
H. Schubart, Einführung in die klassische und moderne Zahlentheorie
W. Schultz, Einführung in die Quantenmechanik
W. Schultz, Dielektrische und magnetische Eigenschaften der Werkstoffe

Horst Wenzel / Friedrich Anacker /
Joachim Klaus Bönisch / Bernhard Göhler /
Karl-Heinz Körber / Joachim Leskien /
Peter Meinhold / Lothar Oehlschlaegel

Einfachste Konvergenzkriterien für unendliche Reihen

Programm für Mathematiker,
Naturwissenschaftler, Techniker
und Wirtschaftswissenschaftler
ab 1. Semester

Vieweg · Braunschweig

1974

© 1973 by Akademische Verlagsgesellschaft Geest & Portig K.-G., Leipzig
Lizenzausgabe für Friedr. Vieweg & Sohn, Verlagsgesellschaft mbH, Braunschweig,
mit Genehmigung der Akademischen Verlagsgesellschaft Geest & Portig, K.-G., Leipzig

Die Vervielfältigung und Übertragung einzelner Textabschnitte, Zeichnungen oder Bilder, auch für Zwecke der Unterrichtsgestelung, gestattet das Urheberrecht nur, wenn sie mit dem Verlag vorher vereinbart wurden. Im Einzelfall muß über die Zahlung einer Gebühr für die Nutzung fremden geistigen Eigentums entschieden werden. Das gilt für die Vervielfältigung durch alle Verfahren einschließlich Speicherung und jede Übertragung auf Papier, Transparente, Filme, Bänder, Platten und andere Medien.

Umschlagentwurf: Peter Morys, Wolfenbüttel

ISBN-13: 978-3-528-03567-9   e-ISBN-13: 978-3-322-89442-7
DOI: 10.1007/978-3-322-89442-7

Die Erstfassung dieses Programms wurde im Frühjahr 1970 während des 1. Programmierlehrgangs für Hochschullehrer begonnen. Sie wurde von Kollegen des Autorenkollektivs, die der Sektion Mathematik der TU Dresden angehören, abgeschlossen und mit Studierenden der Sektionen Bauingenieurwesen, Wasserwesen und Physik erprobt.
Die Auswertung führte dann zu einer korrigierten und erweiterten Zweitfassung.
Wertvolle programmiertechnische Hinweise erhielten wir von Herrn DOZ. DR. LOHSE, Karl-Marx-Universität Leipzig, dem an dieser Stelle aufrichtig gedankt sei.
Für kritische Stellungnahmen sind wir stets dankbar.

PROF. DR. WENZEL

Das Programm richtet sich vorwiegend an:

Hoch- und Fachschulstudenten des 1. Studienjahres mit Mathematik im Nebenfach, insbesondere Studenten naturwissenschaftlicher, wirtschaftswissenschaftlicher und technischer Disziplinen; Lehrerstudenten; Lehrer.

Voraussetzungen für das Bearbeiten des Programms:

Der Lernende muß Kenntnisse zum Begriff der reellen Zahlenfolge, zur Konvergenz und zum Grenzwert einer Folge, zu den Begriffen „notwendige" und „hinreichende Bedingung", über Rechenregeln für reelle (konvergente) Zahlenfolgen besitzen und über die Zusammenhänge zwischen Monotonie, Beschränktheit und Konvergenz einer Folge Bescheid wissen. Außerdem wird die Kenntnis der Regel von de l'Hospital vorausgesetzt.

Symbolik im Programm:

☐ Eingerahmte Stellen kennzeichnen Definitionen.

▓ Mit Rasterfläche unterlegte Stellen heben die mathematischen Sätze hervor.

❗ Aufforderung zu besonderer Aktivität (Aufgabe lösen, Frage beantworten, Entscheidung treffen o. ä.).

Einführende Hinweise

Für Lernende, die mit diesem Heft erstmals ein Lehrbuch in programmierter Form zur Hand nehmen, seien einige beachtenswerte Hinweise gegeben. Das Programm stellt dem Leser Fragen und Aufgaben. Für die verschiedenen möglichen Antworten des Lesers hält das Programm Bestätigungen der Richtigkeit der Antwort oder Belehrungen bereit. Um zum nächsten Lehrschritt zu kommen, müssen Sie stets dem Pfeil am Ende eines jeden Schrittes, dem sogenannten Steueroperator, folgen. Sind mehrere Steueroperatoren angegeben, haben Sie dem für Sie zutreffenden Pfeil nachzugehen. Dabei hat es keinen Sinn, den kürzesten Weg etwa aus der Anordnung der Steueroperatoren oder anderer vermeintlicher Merkmale erraten zu wollen. Das trifft besonders dann zu, wenn eine Aufgabe gestellt worden war und verschiedene Lösungen — richtige, falsche und unvollständige — angeboten werden. Sie müssen schon entsprechend Ihrer Lösung weiterarbeiten. Weiterhin ist dringend zu empfehlen, die Aufgaben und Testfragen stets selbst zu lösen und nicht etwa durch Weiterblättern lediglich die richtige Lösung zu suchen. Sie müssen das Programm ehrlich durcharbeiten.

An manchen Stellen werden auch Textlücken gelassen. Denken Sie dann darüber nach, wie der Satz vollständig heißen muß und ergänzen Sie die Textlücke. Im Zweifelsfall bietet Ihnen eine Zusammenstellung der richtigen Textlückenergänzungen am Schluß dieses Programms (Lehrschritt **127**) eine Kontrollmöglichkeit.

Legen Sie sich für Rechnungen und Niederschriften ein Schreibgerät und einige Blätter Papier oder ein Kollegheft zurecht.

Programmiertes Lehrmaterial ist nicht als Nachschlagewerk geeignet. Wir möchten Sie aber auf den Basaltext aufmerksam machen (Lehrschritt **128**), der das Lehrmaterial abschließt und Ihnen die Sätze, Definitionen und Kriterien zusammenfassend noch einmal nennt.

Genug der Hinweise! Wir wünschen Ihnen viel Erfolg und Freude beim Studium dieses Programms!

Die Autoren

Zielliste

Allgemeines Ziel

Das Programm soll den Lernenden mit dem Begriff der unendlichen Reihe (reeller Zahlen) und wesentlichen Eigenschaften solcher Reihen vertraut machen und ihn zur Anwendung einiger Konvergenzkriterien befähigen.

Spezielle Ziele

Nach dem Durcharbeiten des Programms soll der Lernende
a) die Symbolik für das Beschreiben von Reihen sinnvoll anwenden können,
b) die Begriffe Folge und Reihe unterscheiden können,
c) die Begriffe „Konvergenz" und „Divergenz" von Reihen definieren können,
d) über ein Arsenal wichtiger Reihen einschließlich ihres Konvergenzverhaltens verfügen (geometrische, harmonische, Zeta-Reihe),
e) den Begriff „absolut konvergent" beherrschen,
f) den Unterschied zwischen absoluter Konvergenz und Konvergenz angeben können,
g) die Addition und Subtraktion konvergenter Reihen richtig ausführen können,
h) wissen, daß das Ändern endlich vieler Glieder das Konvergenzverhalten nicht ändert,
i) wissen, daß $\lim_{k \to \infty} a_k = 0$ notwendig, aber nicht hinreichend für die Konvergenz der Reihe $\sum_{k=1}^{\infty} a_k$ ist,
j) die Bedingungen in i) für den Nachweis der Divergenz anwenden können,
k) das Majoranten-Minoranten-Kriterium zum Untersuchen auf absolute Konvergenz handhaben können,
l) das Quotientenkriterium und das Wurzelkriterium für Konvergenzuntersuchungen einsetzen können.

1 Wir stellen Ihnen zunächst einige kleine Aufgaben, mit denen überprüft werden soll, ob Sie die für ein erfolgreiches Bearbeiten des Programms benötigten Vorkenntnisse besitzen.
Arbeiten Sie zügig, jedoch ohne Hast! Verwenden Sie für die Rechnungen ein Blatt Papier und tragen Sie hier nur die Ergebnisse ein!

Aufgaben:

1. Berechnen Sie $\sum_{k=0}^{3} (-1)^k \frac{k}{k+1}$. Lösung: ....

2. Berechnen Sie $\sum_{k=0}^{n} 1^k$. Lösung: ....

3. Welche(r) der folgenden Ausdrücke a) bis d) sind (ist) mit dem Term $a_1 + a_3 + a_5 + a_7$ identisch?

   a) $\sum_{k=1}^{7} a_{k+2}$, b) $\sum_{p=0}^{3} a_{2p+1}$, c) $\sum_{l=1}^{7} \frac{1}{2}[1-(-1)^l]a_l$,

   d) $\sum_{m=0}^{6} \left(\cos \frac{m\pi}{2}\right) a_{m+1}$. Lösung: ....

   (Angabe des/der Buchstaben genügt)

4. Für welches q sind die Summen

   $\sum_{p=0}^{k-1} a_{2p+1}$ und $\sum_{m=2}^{q} a_{2m-3}$

   stets einander gleich? Ergebnis: $q = $ ....

5. Wie groß muß s gewählt werden, damit stets

   $\sum_{i=1}^{k} a_i + \sum_{p=s}^{m} a_p = \sum_{q=1}^{m} a_q \quad (k < m)$ gilt?

   Ergebnis: $s = $ ....

   ───────▶ 12

2 Richtige Lösungen:

   I. ... **stets** konvergent.
   II. ... **manchmal** konvergent.
   III. ... **nie** konvergent.

Für richtiges Ausfüllen der Textlücke geben Sie sich jeweils einen Punkt.

Ich erzielte von den drei möglichen Punkten ☐ Punkte.

Wenn Sie Schwierigkeiten mit dieser 7. Aufgabe hatten oder nur 1 oder gar 0 Punkte erreichten, so weiter mit

   ───────▶ 13

   andernfalls ───────▶ 10

Sie beherrschen die Regeln über das Rechnen mit dem Summenzeichen gut! Wenn Ihnen ein Punkt an der vollen Punktzahl fehlt, so ist Ihnen sicher nur ein kleiner Rechenfehler unterlaufen.

3

! Überprüfen Sie die betreffende Aufgabe!

Lag Ihr Fehler bei Aufgabe 2., so mißachteten Sie vielleicht, daß

$$\sum_{k=0}^{n} 1^k = 1^0 + 1^1 + 1^2 + \cdots + 1^n$$
$$= 1 + \underbrace{1 + 1 + \cdots + 1}_{n\text{-mal}}$$

gilt. $= n + 1$

———————→ 9

Hatten Sie spezielle Schwierigkeiten bei der Lösung der Teilaufgaben 6.d) bis g) in Schritt 9?

4

Ja ———————→ 5

Nein ———————→ 8

Sie hatten Schwierigkeiten, für die Folge

5

$$1; q; q^2; \ldots; q^k; \ldots \text{ für } \begin{cases} -1 < q < 0 \\ 0 < q < 1 \\ q > 1 \\ q = 1 \end{cases}.$$

Aussagen über Monotonie, Konvergenz und Grenzwert zu machen.
Sie finden die Lösungen leicht, wenn Sie für q in jedem der vier Fälle spezielle Werte einsetzen, z.B.

$$q = -\tfrac{1}{2},\ q = \tfrac{1}{2},\ q = 2,\ q = 1.$$

! Versuchen Sie es erneut!

Erst dann ———————→ 7

6 Ihnen sind einige Fehler unterlaufen!

! Überprüfen Sie Ihre Rechnungen mittels der hier ausführlich dargestellten Rechenwege:

1. $\sum_{k=0}^{3} (-1)^k \frac{k}{k+1} = (-1)^0 \cdot \frac{0}{1} + (-1)^1 \cdot \frac{1}{2} + (-1)^2 \cdot \frac{2}{3} + (-1)^3 \cdot \frac{3}{4}$

$\qquad = \quad 0 \quad - \frac{1}{2} \quad + \frac{2}{3} \quad - \frac{3}{4} \quad = -\frac{7}{12}.$

2. $\sum_{k=0}^{n} 1^k = 1^0 + 1^1 + 1^2 + \cdots + 1^n$

$\qquad = 1 + \underbrace{1 + \cdots + 1}_{n \text{ Summanden } 1}$

$\qquad = n + 1.$

3. a) $\sum_{k=1}^{7} a_{k+2} = a_3 + a_4 + a_5 + a_6 + a_7 + a_8 + a_9 \neq a_1 + a_3 + a_5 + a_7,$

b) $\sum_{p=0}^{3} a_{2p+1} = a_{0+1} + a_{2 \cdot 1+1} + a_{2 \cdot 2+1} + a_{2 \cdot 3+1} = a_1 + a_3 + a_5 + a_7,$

c) $\sum_{l=1}^{7} \frac{1}{2}[1-(-1)^l]a_l = \frac{1}{2}(1+1)a_1 + \frac{1}{2}(1-1)a_2 + \frac{1}{2}(1+1)a_3 + \frac{1}{2}(1-1)a_4$

$\qquad + \frac{1}{2}(1+1)a_5 + \frac{1}{2}(1-1)a_6 + \frac{1}{2}(1+1)a_7 = a_1 + a_3 + a_5 + a_7,$

d) $\sum_{m=0}^{6} \left(\cos \frac{m\pi}{2}\right) a_{m+1} = (\cos 0) a_1 + \left(\cos \frac{\pi}{2}\right) a_2 + (\cos \pi) a_3 + (\cos \frac{3}{2} \pi) a_4$

$\qquad + (\cos 2\pi) a_5 + (\cos \frac{5}{2} \pi) a_6 + (\cos 3\pi) a_7$

$\qquad = a_1 + 0 - a_3 + 0 + a_5 + 0 - a_7$

$\qquad \neq a_1 + a_3 + a_5 + a_7.$

4. $\sum_{p=0}^{k-1} a_{2p+1} = a_1 + a_3 + \cdots + a_{2(k-1)+1} = a_1 + a_3 + \cdots + a_{2k-1},$

$\sum_{m=2}^{q} a_{2m-3} = a_1 + a_3 + \cdots + a_{2q-3}.$

Beide Summen sind stets gleich, falls $2q - 3 = 2k - 1$, d. h. $q = k + 1$ gilt.

5. $\sum_{i=1}^{k} a_i + \sum_{p=s}^{m} a_p = \sum_{q=1}^{m} a_q \quad (k < m)$

ist gleichbedeutend mit

$\sum_{p=s}^{m} a_p = \sum_{q=1}^{m} a_q - \sum_{i=1}^{k} a_i$

$\qquad = a_1 + a_2 + \cdots + a_m - a_1 - a_2 - \cdots - a_k$

$\qquad = a_{k+1} + a_{k+2} + \cdots + a_m.$

Es muß also $s = k + 1$ gewählt werden. ⟶ 9

Bei richtigem Vorgehen erhielten Sie für die Folge
$$1, q, q^2, ..., q^k, ...$$
für $q = -\tfrac{1}{2}$
$$1, -\frac{1}{2}, \frac{1}{4}, -\frac{1}{8}, ...;$$

Folge nicht monoton, konvergent, $G = 0$;

für $q = \tfrac{1}{2}$
$$1, \frac{1}{2}, \frac{1}{4}, \frac{1}{8}, ...;$$

Folge monoton fallend, konvergent, $G = 0$;

für $q = 2$
$$1, 2, 4, 8, ...;$$

Folge monoton wachsend, divergent;

für $q = 1$
$$1, 1, 1, 1, ...;$$

Folge monoton, konvergent, $G = 1$.

$\longrightarrow$ 8

Aufgabe 7:

Aus den beiden Folgen (u_k), $k = 1, 2, 3, ...,$

und (v_k), $k = 1, 2, 3, ...,$

wird die Folge (w_k), $k = 1, 2, 3, ...,$ mit $w_k = \alpha u_k + \beta v_k$

gebildet, wobei α und β beliebige von Null verschiedene Konstanten sind.

! Füllen Sie in den folgenden Sätzen die Textlücken aus!

I. Sind (u_k) und (v_k) beide konvergent, so ist

(w_k) .... konvergent.
(stets/manchmal/nie)

II. Sind (u_k) und (v_k) beide divergent, so ist

(w_k) .... konvergent.
(stets/manchmal/nie)

III. Ist (u_k) konvergent und (v_k) divergent, so ist

(w_k) .... konvergent.
(stets/manchmal/nie)

$\longrightarrow$ 2

9 Wir wenden uns einer weiteren Aufgabe zu!

Aufgabe 6:

Geben Sie für jede der nachstehenden Folgen (a_k) an, ob sie monoton ist, ob sie konvergiert und welchem Grenzwert G sie gegebenenfalls zustrebt.

! Tragen Sie die Ergebnisse in die Tabelle ein, so wie das angegebene Beispiel a) es zeigt!

a) $a_k = \dfrac{k}{k+1}$,

b) $a_k = (-1)^k \dfrac{k}{k+1}$,

c) $a_k = 2 + \dfrac{(-1)^k}{k}$,

d) $\qquad \quad\; \begin{cases} -1 < q < 0, \\ \\ 0 < q < 1, \\ \\ q > 1, \\ \\ q = 1. \end{cases}$

e) $a_k = q^k$

f)

g)

Folge	Monot.	Konv.	G
a	×	×	1
b			
c			
d			
e			
f			
g			

⟶ 16

10 Nun zur 8. und damit letzten Aufgabe des Vortests.

Aufgabe 8:

Welche der folgenden Eigenschaften einer Zahlenfolge sind für ihre Konvergenz notwendig bzw. hinreichend?

! Setzen Sie — sofern die Eigenschaften zutreffen — jeweils ein Kreuz in folgender Tabelle!

	notw.	hinr.
Beschränktheit		
Monotonie		
Monotonie und Beschränktheit		

⟶ 18

Es gelang Ihnen nicht, alle Teilaufgaben 6. b) bis g) fehlerfrei zu lösen! **11**

! Vergleichen Sie Ihre Überlegungen mit den hier ausführlich dargelegten richtigen!

6. b) Hier liegt eine alternierende Folge vor, das zweite Glied ist größer als das erste, das dritte aber kleiner als das zweite. Monotonie liegt also nicht vor, denn die **Definition der Monotonie** lautet:

> Eine Folge (x_k) heißt
>
> monoton wachsend bzw. monoton fallend, wenn stets
>
> $x_{k+1} \geqq x_k$ bzw. $x_{k+1} \leqq x_k$
>
> gilt.

Die Folge ist auch nicht konvergent, denn $\lim\limits_{k \to \infty}\left[(-1)^k \dfrac{k}{k+1}\right]$ existiert nicht.

Beachten Sie, daß $\dfrac{k}{k+1} = 1 - \dfrac{1}{k+1}$ gilt.

c) Monotonie liegt nicht vor, denn die Glieder sind abwechselnd kleiner und größer als 2 ($2-1$, $2+\frac{1}{2}$, $2-\frac{1}{3}$, $2+\frac{1}{4}$, ...), erfüllen also nicht die oben angegebene Monotonie-Definition. Konvergenz liegt vor, denn $\lim\limits_{k \to \infty}\left[2 + \dfrac{(-1)^k}{k}\right] = 2 + \lim\limits_{k \to \infty} \dfrac{(-1)^k}{k} = 2$.

───────────► 4

! Vergleichen Sie Ihre Lösungen mit den richtigen Lösungen: **12**

1. $-\dfrac{7}{12}$, 2. $n+1$, 3. b) und c), 4. $q = k+1$, 5. $s = k+1$.

Für jede richtige Lösung (völlige Übereinstimmung Ihrer Lösung mit der hier angegebenen Lösung) gibt es einen Punkt.

Ihre Punktzahl: ☐

Entscheiden Sie:

    Ich erreichte 0 oder 1 Punkt(e) ───────► 17

    Ich erreichte 2 oder 3 Punkte ───────► 6

    Ich erreichte 4 oder 5 Punkte ───────► 3

13 Die drei Sätze der Aufgabe 7 werden Ihnen noch einmal ausführlich dargestellt und einige Erklärungen gegeben:

> I. Sind (u_k) und (v_k) beide konvergent, so ist (w_k) mit $w_k = \alpha u_k + \beta v_k$ stets konvergent, und es gilt
> $$\lim_{k\to\infty} w_k = \alpha \lim_{k\to\infty} u_k + \beta \lim_{k\to\infty} v_k.$$

Das ist ein bekannter Grenzwertsatz über Zahlenfolgen.

> II. Sind (u_k) und (v_k) beide divergent, so ist (w_k) manchmal konvergent;

z.B. ist im Falle $u_k = v_k$ ($k = 1, 2, 3, ...$) und $\alpha = -\beta$ die Folge (w_k) konvergent und im Falle $u_k = v_k$ ($k = 1, 2, ...$) und $\alpha = \beta \neq 0$ die Folge (w_k) divergent.

> III. Ist (u_k) konvergent und (v_k) divergent, so ist (w_k) nie konvergent.

Wäre nämlich (w_k) konvergent, so müßte nach I. auch $(w_k - \alpha u_k)$ $= (\beta v_k)$ konvergieren. Das ist ein Widerspruch zur Voraussetzung.

⟶ 10

---

14 Man kann Ihnen gratulieren! Sie haben auch die 6. Aufgabe weitgehend richtig gelöst.

⟶ 8

---

15 Wir sind am Ende des Vortests angelangt.

! Addieren Sie bitte die in den Lehrschritten **2, 12, 16** und **18** eingerahmten angegebenen von Ihnen erreichten Punktzahlen!

Ich erzielte eine Gesamtpunktzahl von .... Punkten.
Verfahren Sie gemäß Ihrer Gesamtpunktzahl:

    0 bis 9 Punkte   ⟶ 17

    10 bis 15 Punkte   Gut!

    16 oder 17 Punkte   Sehr gut!

Legen Sie eine Erholungspause ein!
Beginnen Sie danach mit dem eigentlichen Programm.

⟶ 19

16 ! Vergleichen Sie die von Ihnen ausgefüllte Tabelle mit der hier angegebenen, und geben Sie sich für jede richtige Teilaufgabe (d. h. voll übereinstimmende Zeile) je einen Punkt!

	Monot.	Konv.	G	Punkte
b				
c		×	2	
d		×	0	
e	×	×	0	
f	×			
g	×	×	1	

Ich erzielte hier: ☐ Punkte

Gehen Sie zu dem Ihrer Punktzahl entsprechenden nächsten Schritt:

0 oder 1 Punkt(e) ⟶ 17

2, 3 oder 4 Punkte ⟶ 11

5 oder 6 Punkte ⟶ 14

---

17 Leider fehlen Ihnen wesentliche Voraussetzungen für das Bearbeiten dieses Programms.
Orientieren Sie sich bitte in der entsprechenden Fachliteratur (z. B. „Analysis für Ingenieur- und Fachschulen", Fachbuchverlag Leipzig), bevor Sie die Arbeit in diesem Programm fortsetzen.

⟶ Grundlagenliteratur

---

18 ! Vergleichen Sie Ihre Lösung mit der hier angegebenen richtigen Lösung:

	notw.	hinr.
Beschränktheit	×	
Monotonie		
Monotonie und Beschränktheit		×

Erteilen Sie sich für jede richtige Zeile einen Punkt!

Ich erzielte hier ☐ Punkte ⟶ 15

19 Wir wollen uns mit unendlichen Reihen beschäftigen. Die unendlichen Reihen sind in einem gewissen Sinne Verallgemeinerungen der endlichen Summen. Einige wichtige Eigenschaften der endlichen Summen sollen aufgeführt werden:

1. Die Summe von endlich vielen reellen Zahlen ist stets wieder eine reelle Zahl, der Wert der Summe, z.B.
$$s = a_1 + a_2 + a_3 + a_4.$$

2. In einer endlichen Summe dürfen Klammern beliebig gesetzt oder weggelassen werden, ohne daß sich ihr Wert ändert (Assoziativgesetz der Addition), z.B.
$$(a_1 + a_2) + (a_3 + a_4) = (a_1 + a_2 + a_3) + a_4 = a_1 + a_2 + a_3 + a_4.$$

3. In einer endlichen Summe darf die Reihenfolge der Summanden beliebig geändert werden, ohne daß sich ihr Wert ändert (Kommutativgesetz der Addition), z.B.
$$a_1 + a_2 + a_3 + a_4 = a_4 + a_2 + a_1 + a_3 = a_2 + a_3 + a_1 + a_4.$$

⟶ 20

---

20 Werden unendlich viele Zahlen durch das Pluszeichen miteinander verknüpft $(a_1 + a_2 + a_3 + a_4 + a_5 + \ldots)$, so wissen wir zunächst nicht, was wir darunter zu verstehen haben. Wir müssen also erst definieren, was ein solcher Ausdruck bedeuten soll.

Es bietet sich nun an, die Additionen wie folgt schrittweise durchzuführen: Wir bilden zuerst $a_1 + a_2$. Beim nächsten Schritt wird zu dieser Summe a_3 addiert, also $a_1 + a_2 + a_3$ usw. Wenn wir die einzelnen Zwischenergebnisse durch s_1, s_2, s_3, s_4 usw. bezeichnen, so erhalten wir

$$s_1 = a_1,$$
$$s_2 = a_1 + a_2,$$
$$s_3 = a_1 + a_2 + a_3,$$
$$s_4 = a_1 + a_2 + a_3 + a_4,$$
$$\ldots\ldots\ldots\ldots\ldots\ldots$$
$$s_n = a_1 + a_2 + \cdots + a_n$$
$$\ldots\ldots\ldots\ldots\ldots\ldots$$

Die Zwischenergebnisse nennen wir Teilsummen oder Partialsummen.

Durch die unendlich vielen Glieder bricht unser Verfahren nie ab. Auf diese Weise wird also keine Summe erklärt, sondern eine Folge von Teilsummen, nämlich (s_n), $n = 1, 2, 3, \ldots$!

⟶ 23

Das ist nicht richtig.

Die Reihe $\sum_{k=1}^{\infty} a_k$ hat zwar mit der Folge (a_k) zu tun, darf aber nicht mit ihr oder gar mit ihrem Grenzwert identifiziert werden.

21

——————→ 23

Die Formulierung ist für den Anfänger naheliegend, jedoch wissenschaftlich nicht haltbar. Überlegen Sie bitte:

Es ist tatsächlich unmöglich, unendlich viele Glieder zu addieren; bei einem Versuch würden Sie nie fertig werden.

Endlich viele Glieder kann man jedoch stets addieren, und damit ist es möglich, die Teilsummen

$$s_n = \sum_{k=1}^{n} a_k$$

zu bilden.

22

——————→ 23

Wir geben die Definition des Begriffes unendliche Reihe

23

Definition 1:
> Gegeben sei eine Folge (a_k), $k = 1, 2, 3, \ldots$, reeller Zahlen. Als **unendliche Reihe** (kurz: Reihe) der a_k bezeichnen wir die Folge (s_n), $n = 1, 2, 3, \ldots$, mit $s_1 = a_1$, $s_2 = a_1 + a_2, \ldots$,
> $$s_n = a_1 + a_2 + \cdots + a_n = \sum_{k=1}^{n} a_k, \ldots .$$

Die unendliche Reihe der a_k wird auch kurz durch die Symbole

$$a_1 + a_2 + \cdots$$

oder

$$\sum_{k=1}^{\infty} a_k$$

dargestellt. Die a_k heißen die **Glieder**, die s_n die **Partialsummen** (Teilsummen) der unendlichen Reihe

$$\sum_{k=1}^{\infty} a_k.$$

Wir können damit kurz sagen:

> Eine unendliche Reihe ist die Folge ihrer Partialsummen (Teilsummen).

Beginnt bei der gegebenen Folge (a_k) die Indizierung nicht bei $k = 1$, sondern bei einer anderen ganzen Zahl m, so überträgt sich das sinngemäß auf die zugehörige Reihe:

$$\sum_{k=m}^{\infty} a_k = a_m + a_{m+1} + \cdots$$

——————→ 24

24 Als Beispiel betrachten wir die Folge (a_k), $k = 0, 1, 2, 3, \ldots$, mit $a_k = q^k$ (q beliebige reelle Zahl). Die Partialsummen der aus dieser Folge gebildeten Reihe ergeben sich dann gemäß der Summenformel für die endliche geometrische Reihe zu

$$s_n = \begin{cases} \dfrac{1-q^{n+1}}{1-q} & \text{für } q \neq 1 \\ n+1 & \text{für } q = 1 \end{cases} \quad (n = 0, 1, 2, \ldots).$$

Die unendliche Reihe $\sum\limits_{k=0}^{\infty} q^k$ ist also im Falle $q = 1$ die Folge $(n+1)$, $n = 0, 1, 2, \ldots$, und im Falle $q \neq 1$ die Folge $\left(\dfrac{1-q^{n+1}}{1-q}\right)$, $n = 0, 1, 2, \ldots$. Diese Reihe heißt **geometrische Reihe**; wir werden noch auf sie zurückkommen.

──────────▶ 25

25 Als nächstes Beispiel betrachten wir die unendliche Reihe $\sum\limits_{k=1}^{\infty} \dfrac{1}{k(k+1)}$. Ihre Partialsummen kann man unter Beachtung der Beziehung $\dfrac{1}{k(k+1)} = \dfrac{1}{k} - \dfrac{1}{k+1}$ leicht berechnen. Es wird

$$s_n = \sum_{k=1}^{n} \frac{1}{k(k+1)} = \sum_{k=1}^{n} \left(\frac{1}{k} - \frac{1}{k+1}\right) = \frac{1}{1} - \frac{1}{2} + \frac{1}{2} - \frac{1}{3}$$
$$+ \frac{1}{3} - \frac{1}{4} + \cdots + \frac{1}{1-n} - \frac{1}{n} + \frac{1}{n} - \frac{1}{n+1} = 1 - \frac{1}{n+1},$$

also

$$s_n = 1 - \frac{1}{n+1}, \quad (n = 1, 2, \ldots).$$

──────────▶ 26

26 Welche der folgenden Formulierungen ist richtig?

Eine unendliche Reihe ist

    a) die Summe ihrer Glieder ──────────▶ 22

    b) die Folge ihrer Glieder ──────────▶ 21

    c) der Grenzwert der Folge ihrer Glieder ──────────▶ 21

    d) die Summe ihrer Teilfolgen ──────────▶ 34

    e) Die Formulierungen a) bis d) sind falsch. ──────────▶ 35

27

Sie erhalten eine andere Aufgabe.

Aufgabe 10:

Berechnen Sie die n-te Partialsumme der Reihe

$$\sum_{k=0}^{\infty} \frac{1}{2^k}.$$

Lösung: $s_n = \ldots\ldots\ldots\ldots$ $\longrightarrow$ 37

Ich finde keine Lösung. $\longrightarrow$ 31

28

Ihre Lösung ist richtig.

! Bearbeiten Sie erneut die Aufgabe des Lehrschrittes 38, d. h. bestimmen Sie p aus der Gleichung

$$\sum_{k=1}^{n} \ln\left(1 + \frac{1}{k}\right) = \ln p.$$

Lösung: $p = \ldots\ldots\ldots\ldots$ $\longrightarrow$ 45

29

Sie haben richtig erkannt, daß es sich um eine geometrische Reihe mit $q = \frac{1}{2}$ handelt.

! Ergänzen bzw. korrigieren Sie Ihr Ergebnis mit Hilfe der Summenformel für die endliche geometrische Reihe.

$\longrightarrow$ 27

30

Sie haben sicher richtig erkannt, daß es sich um eine geometrische Reihe mit $q = \frac{1}{2}$ handelt. Sie haben aber wahrscheinlich die Partialsumme s_n mit $\lim_{n \to \infty} s_n = s$ verwechselt.

$\longrightarrow$ 27

31

Es handelt sich um eine spezielle geometrische Reihe; bestimmen Sie den Wert von q und lösen sie Aufgabe 10 in 27 nochmals!

$\longrightarrow$ 27

32

Die Lösung lautet $p = n + 1$.

Haben Sie die Lösung gefunden?   Ja $\longrightarrow$ 46

Nein $\longrightarrow$ 27

33 ❕ Vergleichen Sie Ihre Lösung mit den folgenden Angaben:

$a_k = (-1)^k \cdot 2$

$a_k = \begin{cases} 2 \text{ für } k \text{ gerade} \\ -2 \text{ für } k \text{ ungerade} \end{cases}$

$(a_k) = -2, 2, -2, \ldots$

———————→ 36

$a_k = -a_{k-1}$
$a_k = s_k - s_{k-1}$
$a_k = (-1)^k - (-1)^{k-1}$

———————→ 41

andere Lösungen: ———————→ 40

---

34 Sie haben sich irritieren lassen. Anstelle von „die Summe ihrer Teilfolgen" muß es heißen ....

———————→ 35

---

35 Die richtige Formulierung lautet:
„Eine unendliche Reihe ist **die Folge ihrer Partial- oder Teilsummen**".

Haben Sie dies gefunden, so haben Sie den wesentlichen Begriff 'unendliche Reihe' völlig erfaßt.

———————→ 38

---

36 Ihre Antwort ist richtig.

Wir gehen nun in der Darlegung des Lehrstoffes weiter.

> **Definition 2:**
>
> Die unendliche Reihe $\sum_{k=1}^{\infty} a_k$ heißt **konvergent**, wenn die Folge ihrer Partialsummen konvergiert; andernfalls heißt sie **divergent**. Im Falle der Konvergenz bezeichnen wir den Grenzwert $s = \lim_{n \to \infty} s_n$ der Folge der Partialsummen als **Summe** oder **Wert** der unendlichen Reihe. Man schreibt dann kurz
>
> $$s = \sum_{k=1}^{\infty} a_k.$$

Beachten Sie bitte, daß bei einer konvergenten unendlichen Reihe das Symbol $\sum_{k=1}^{\infty} a_k$ in zweierlei Bedeutung gebraucht wird: Einmal für die unendliche Reihe selbst, zum anderen für ihre Summe.

———————→ 39

! Vergleichen Sie Ihre Lösung mit den folgenden Angaben: **37**

1. $s_n = 1 + \frac{1}{2} + \frac{1}{4} + \cdots$ ⟶ 31

2. $s_n = 1 + \frac{1}{2} + \frac{1}{4} + \cdots + \frac{1}{2^n}$ ⟶ 29

3. $s_n = 1 - \frac{1}{2^n}$ ⟶ 29

4. $s_n = 2 - \frac{1}{2^n}$ ⟶ 28

5. $s_n = 2$ ⟶ 30

6. andere Lösungen ⟶ 31

Aufgabe 9: **38**

Die n-te Partialsumme der unendlichen Reihe $\sum_{k=1}^{\infty} \ln\left(1 + \frac{1}{k}\right)$ hat die Gestalt $s_n = \ln p$.

Wie groß ist p?

    Lösung: $p = \ldots\ldots\ldots\ldots\ldots\ldots$ ⟶ 32

    Ich finde keine Lösung.

⟶ 27

Als Beispiel betrachten wir wieder die geometrische Reihe $\sum_{k=0}^{\infty} q^k$ mit den Partialsummen **39**

$$s_n = \begin{cases} \dfrac{1 - q^{n+1}}{1 - q} & \text{für } q \neq 1 \\ n + 1 & \text{für } q = 1, \end{cases} \quad n = 0, 1, 2, \ldots$$

Im Falle $q = 1$ ist (s_n) divergent, d. h. die geometrische Reihe divergiert für $q = 1$.

Für $|q| < 1$ strebt die Folge (q^n) gegen Null, also ist in diesem Fall (s_n) konvergent mit $\lim_{n \to \infty} s_n = \frac{1}{1-q}$, d. h., die geometrische Reihe konvergiert für $|q| < 1$ und hat die Summe $s = \frac{1}{1-q}$.

Für $|q| > 1$ und $q = -1$ ist die Folge (q^n) divergent, folglich ist auch (s_n) und damit die unendliche Reihe divergent.

Wir sehen also: **Die geometrische Reihe $\sum_{k=0}^{\infty} q^k$ ist konvergent für $|q| < 1$ und hat in diesem Falle die Summe $\sum_{k=0}^{\infty} q^k = \frac{1}{1-q}$. Für $|q| \geq 1$ ist sie divergent.**

⟶ 42

40 Sie haben offenbar nicht den richtigen Ansatz gefunden. Beachten Sie, daß sich bei bekanntem a_k eine Partialsumme s_k leicht aus der vorhergehenden Partialsumme s_{k-1} ermitteln läßt.

! Schreiben Sie diesen Zusammenhang in allgemeiner Form auf und überdenken Sie die gestellte Aufgabe nochmals!

———————→ 46

---

41 Ihre Lösung ist richtig, aber nicht zu Ende geführt bzw. zu allgemein formuliert.

! Führen Sie die Rechnung bis zu einer expliziten Darstellung von a_k weiter.

———————→ 46

---

42 Als weitere Reihe untersuchen wir $\sum_{k=1}^{\infty} \frac{1}{k}$. Sie heißt **harmonische Reihe**. Aus

$$1 + \frac{1}{2} + \underbrace{\frac{1}{3} + \frac{1}{4}}_{\geq \frac{1}{2}} + \underbrace{\frac{1}{5} + \frac{1}{6} + \frac{1}{7} + \frac{1}{8}}_{\geq \frac{1}{2}} + \underbrace{\frac{1}{9} + \cdots + \frac{1}{16}}_{\geq \frac{1}{2}} + \cdots$$

$$\left(2 \text{ Glieder} \geq \frac{1}{4}\right) \quad \left(4 \text{ Glieder} \geq \frac{1}{8}\right) \quad \left(8 \text{ Glieder} \geq \frac{1}{16}\right)$$

ist sofort zu ersehen, daß die Folge der Partialsummen der harmonischen Reihe nicht beschränkt ist; also ist $\sum_{k=1}^{\infty} \frac{1}{k}$ divergent.

———————→ 43

---

43 Die Reihe der **Riemannschen Zeta-Funktion** $\zeta(\alpha) = \sum_{k=1}^{\infty} \frac{1}{k^\alpha}$ mit $\alpha > 1$ ist konvergent, denn ihre Teilsummen bilden eine monotone Folge (Reihenglieder sind positiv), die wegen der folgenden Ungleichung auch noch beschränkt ist:

$$1 + \underbrace{\frac{1}{2^\alpha} + \frac{1}{3^\alpha}}_{\leq 2 \cdot \frac{1}{2^\alpha}} + \underbrace{\frac{1}{4^\alpha} + \frac{1}{5^\alpha} + \frac{1}{6^\alpha} + \frac{1}{7^\alpha}}_{\leq 4 \cdot \frac{1}{4^\alpha}} + \underbrace{\frac{1}{8^\alpha} + \cdots + \frac{1}{15^\alpha}}_{\leq 8 \cdot \frac{1}{8^\alpha}} + \cdots$$

$$\leq 1 + \frac{1}{2^{\alpha-1}} + \frac{1}{4^{\alpha-1}} + \frac{1}{8^{\alpha-1}} + \cdots = 1 + q + q^2 + \cdots = \frac{1}{1-q}$$

$$\left(\frac{1}{2^{\alpha-1}} = q \quad \text{mit} \quad 0 < q < 1\right).$$

———————→ 51

44 Sie brauchen eine Hilfe aus der Logarithmenrechnung.
Beachten Sie beim Durchführen der Rechnung die folgenden Beziehungen:
$$\ln a + \ln b = \ln (ab), \quad \ln \frac{a}{b} = \ln a - \ln b.$$

! Versuchen Sie Aufgabe 9 aus Lehrschritt 38 erneut zu lösen.

Sollten Sie nicht das Ergebnis $p = n + 1$ erhalten oder weitere Hilfen wünschen, dann ────────→ 47

sonst ────────→ 46

---

45 Die Lösung lautet $p = n + 1$.

Haben Sie diese Lösung gefunden? $\begin{cases} \text{Ja} & \longrightarrow 46 \\ \text{Nein} & \longrightarrow 44 \end{cases}$

---

46 Sie lösen jetzt bitte

Aufgabe 11:

Wie lautet das allgemeine Glied a_k ($k = 1, 2, ...$) der Reihe $\sum_{k=1}^{\infty} a_k$, falls die zugehörige n-te Partialsumme durch $s_n = -1 + (-1)^n$ ($n = 1, 2, ...$) gegeben ist?

Lösung: $a_k = \ldots\ldots\ldots\ldots$ ────────→ 33

Ich finde keine Lösung ────────→ 40

47
$$\sum_{k=1}^{n} \ln\left(1 + \frac{1}{k}\right) = \sum_{k=1}^{n} \ln \frac{k+1}{k} = \sum_{k=1}^{n} [\ln(k+1) - \ln k]$$
$$= \sum_{k=1}^{n} \ln(k+1) - \sum_{k=1}^{n} \ln k$$
$$= \ln 2 + \ln 3 + \cdots + \ln(n+1) - \ln 1 - \ln 2 - \cdots$$
$$- \ln n = -\ln 1 + \ln(n+1) = \ln(n+1).$$

Da dies andererseits gleich $\ln p$ sein soll, muß $p = n + 1$ sein.
────────→ 46

---

48 Sie sind dem richtigen Gedanken gefolgt, die Begründung ist aber noch nicht vollständig.

Vergleichen Sie hierzu 10 und 18.
────────→ 49

49 Sie haben sicher erkannt, daß die Konvergenz der Teilsummenfolge aus ihrer Beschränktheit und Monotonie folgt oder sofort aus

$$\lim_{n\to\infty} s_n = \lim_{n\to\infty}\left(2 - \frac{2}{n+1}\right) = 2 - \lim_{n\to\infty}\frac{2}{n+1} = 2 \qquad \text{(vergl. 25)}$$

abzulesen ist, es gilt also

$$\sum_{k=1}^{\infty} \frac{2}{k(k+1)} = 2.$$

Die Untersuchung des Konvergenzverhaltens anhand der Definition ist nicht immer so leicht wie in den betrachteten Beispielen. Wir streben daher danach, einfache Kriterien zu besitzen, mit denen man immer oder unter gewissen Voraussetzungen entscheiden kann, ob die vorgelegte Reihe konvergiert oder divergiert.

Relativ einfach ist das folgende Kriterium zu handhaben:

Satz 1: Ist $\sum_{k=1}^{\infty} a_k$ konvergent, so gilt $\lim_{k\to\infty} a_k = 0$.

Beweis: Es sei $\sum_{k=1}^{\infty} a_k$ konvergent mit der Summe s, d. h.

$$\lim_{n\to\infty} s_n = \lim_{n\to\infty} \sum_{k=1}^{n} a_k = s.$$

Wegen $a_n = s_n - s_{n-1}$ ($n \geq 2$) ergibt sich

$$\lim_{n\to\infty} a_k = \lim_{n\to\infty} a_n = \lim_{n\to\infty}(s_n - s_{n-1}) = \lim_{n\to\infty} s_n - \lim_{n\to\infty} s_{n-1} = s - s = 0.$$

Dieser Satz ist also ein notwendiges Konvergenzkriterium:

Wenn eine unendliche Reihe konvergiert, dann bilden ihre Glieder notwendigerweise eine Nullfolge.

Das heißt:

Nur wenn die Glieder einer Reihe eine Nullfolge bilden, kann die Reihe konvergieren.

———————→ 52

50 Aufgabe 13:

Untersuchen Sie folgende Reihen durch Anwendung von Satz 1' auf Divergenz bzw. Konvergenz:

a) $\sum_{k=5}^{\infty} \frac{k+1}{k}$ b) $\sum_{k=1}^{\infty} \frac{1}{\sqrt{k+1} - \sqrt{k}}$ c) $\sum_{k=1}^{\infty} \ln\left(1 + \frac{1}{k}\right)$

Ihre Lösungen: a) .... b) .... c) ....

———————→ 60

Aufgabe 12:

Gegeben ist die Reihe $\sum_{k=1}^{\infty} \frac{2}{k(k+1)}$.

Prüfen Sie, ob die Reihe konvergiert!

Lösung: Die Reihe ist divergent, da ....
.... ⟶ 58

Die Reihe ist konvergent, da ....
.... ⟶ 57

Ich kann keine Entscheidung treffen. ⟶ 55

51

Dieser Satz läßt sich nicht verwenden, um die Konvergenz einer gegebenen Reihe $\sum_{k=1}^{\infty} a_k$ nachzuweisen, denn aus $\lim_{k\to\infty} a_k = 0$ folgt umgekehrt nicht notwendigerweise die Konvergenz der Reihe.

Die harmonische Reihe $\sum_{k=1}^{\infty} \frac{1}{k}$ divergiert zum Beispiel, obwohl die Bedingung $\lim_{k\to\infty} \frac{1}{k} = 0$ erfüllt ist.

Die Aussage von Satz 1 läßt sich jedoch auch anders formulieren:

> **Satz 1':** Ist (a_k) keine Nullfolge (d. h. (a_k) ist divergent oder es gilt $\lim_{k\to\infty} a_k \neq 0$), so divergiert $\sum_{k=1}^{\infty} a_k$.

Beweis: Den Beweis führen wir indirekt. (a_k) sei keine Nullfolge, aber $\sum_{k=1}^{\infty} a_k$ konvergiere. Aus der Konvergenz von $\sum_{k=1}^{\infty} a_k$ folgt nach Satz 1, daß (a_k) eine Nullfolge ist. Das ist ein Widerspruch zur Voraussetzung. Also ist die Annahme, daß $\sum_{k=1}^{\infty} a_k$ konvergiert, falsch.

⟶ 50

52

Ihre Begründung ist nicht stichhaltig; der Anfänger läßt sich an dieser Stelle leicht von einer gefühlsmäßigen Einstellung irritieren.

Wir erinnern Sie an die harmonische Reihe in 42. Diese Reihe ist divergent, obwohl ihre Glieder gegen Null streben.

⟶ 57

53

54 Wir erinnern uns: Der Wert einer konvergenten unendlichen Reihe ist gleich dem Grenzwert der Folge ihrer . . . . .

Deshalb bleiben gewisse Rechenregeln für endliche Summen auch beim Rechnen mit unendlichen Reihen erhalten. (Richtigkeit ihrer Textlücke kann in **127** geprüft werden.)

Wir behandeln nur die beiden folgenden wichtigen Sätze:

Satz 2: Sind $\sum_{k=1}^{\infty} a_k$ und $\sum_{k=1}^{\infty} b_k$ konvergent, so ist auch $\sum_{k=1}^{\infty} (a_k + b_k)$ konvergent, und es gilt $\sum_{k=1}^{\infty} (a_k + b_k) = \sum_{k=1}^{\infty} a_k + \sum_{k=1}^{\infty} b_k$.

Beweis: Die n-te Partialsumme s_n von $\sum_{k=1}^{\infty} (a_k + b_k)$ ist

$$s_n = \sum_{k=1}^{n} (a_k + b_k) = \sum_{k=1}^{n} a_k + \sum_{k=1}^{n} b_k.$$

Aus einem bekannten Satz über konvergente Folgen ergibt sich hieraus durch den Grenzübergang $n \to \infty$ die Behauptung.

Satz 3: Ist $\sum_{k=1}^{\infty} a_k$ konvergent, so ist für jede reelle Zahl c auch $\sum_{k=1}^{\infty} ca_k$ konvergent, und es gilt $\sum_{k=1}^{\infty} ca_k = c \sum_{k=1}^{\infty} a_k$.

(Ohne Beweis.) ⟶ **56**

---

55 Sie benötigen die Definition in **36**; zur Berechnung der Partialsummen stützen Sie sich auf das Beispiel in **25**!
⟶ **51**

---

56 Aufgabe 14:

Sie wissen, daß $\sum_{k=1}^{\infty} \frac{2}{k(k+1)} = 2$ gilt.

Ein Bearbeiter löste diese Aufgabe mit Berufung auf Satz 2 (siehe **54**) wie folgt:

$$\sum_{k=1}^{\infty} \frac{2}{k(k+1)} = 2 \sum_{k=1}^{\infty} \left[\frac{1}{k} + \left(\frac{-1}{k+1} \right) \right] = 2 \left\{ \sum_{k=1}^{\infty} \frac{1}{k} + \sum_{k=1}^{\infty} \frac{-1}{k+1} \right\}.$$

Ist diese Rechnung richtig? Begründen Sie Ihre Entscheidung!

Erst dann ⟶ **66**

57

Jawohl -- die Reihe konvergiert.
Lautet Ihre Begründung:

... konvergent, da die Glieder $a_k = \dfrac{2}{k(k+1)}$ für $k \to \infty$ gegen Null streben
$\longrightarrow$ 53

... konvergent, da die Folge der Teilsummen beschränkt ist $\longrightarrow$ 48

... konvergent, da $\lim\limits_{n \to \infty} s_n$ existiert. $\longrightarrow$ 49

58

Ihre Lösung ist nicht richtig.

! Lösen Sie die Aufgabe nochmals unter Verwendung von 36 und 25!

$\longrightarrow$ 51

59

Es sei an dieser Stelle darauf hingewiesen, daß, wie Sie gelernt haben, nicht sämtliche Rechenregeln über endliche Summen sich auf unendliche Reihen übertragen lassen.

Betrachten wir etwa die unendliche Reihe

$$(1-1) + (1-1) + (1-1) + \cdots + (1-1) + \cdots.$$

Diese Reihe ist offenbar konvergent und hat den Wert ......
Durch Weglassen der Klammern entsteht aber die divergente Reihe

$$1 - 1 + 1 - 1 + 1 - 1 + \cdots.$$

(Ihre ausgefüllte Textlücke können Sie in **127** kontrollieren.)

$\longrightarrow$ 64

60

Die Ergebnisse lauten:
a) divergent, b) divergent, c) divergent.

Begründung:

a) $\lim\limits_{k \to \infty} \dfrac{k+1}{k} = 1$ und Anwendung von Satz 1' (Schritt 52);

b) $\lim\limits_{k \to \infty} \dfrac{1}{\sqrt{k+1} - \sqrt{k}}$ existiert nicht (Anleitung: Rationalmachen des Nenners);

c) $\lim\limits_{k \to \infty} \ln\left(1 + \dfrac{1}{k}\right) = 0$. Dies liefert noch keine Entscheidung. Da aber

$\lim\limits_{n \to \infty} s_n = \lim\limits_{n \to \infty} [\ln(n+1)]$ nicht existiert, folgt Divergenz.

$\longrightarrow$ 54

61   Satz 4 (Majorantenkriterium):

Es seien $\sum_{k=1}^{\infty} a_k$ und $\sum_{k=1}^{\infty} b_k$ zwei Reihen mit folgenden Eigenschaften:

1. $\sum_{k=1}^{\infty} b_k$ ist absolut konvergent.   2. Für jedes k gilt $|a_k| \leq |b_k|$.

Dann ist auch $\sum_{k=1}^{\infty} a_k$ absolut konvergent.

$\sum_{k=1}^{\infty} |b_k|$ nennt man in diesem Zusammenhang auch eine konvergente Majorante für $\sum_{k=1}^{\infty} |a_k|$.

Beweis: Wir haben zu zeigen, daß die Reihe $\sum_{k=1}^{\infty} a_k$ absolut konvergiert, also daß die Reihe .... konvergiert. Hierzu betrachten wir die Folge der Partialsummen $t_n = \sum_{k=1}^{n} |a_k|$. Die Folge (t_n) ist monoton ....
Nach Voraussetzung 1 ist die Folge (s_n) mit $s_n = \sum_{k=1}^{n} |b_k|$ konvergent, insbesondere also nach oben beschränkt. Nach Voraussetzung 2 ist $t_n \leq s_n$ für jedes n. Also ist auch (t_n) nach oben beschränkt.
(t_n) ist somit monoton wachsend und nach oben beschränkt, also konvergent. Damit ist die absolute Konvergenz von $\sum_{k=1}^{\infty} a_k$ bewiesen.

                                                                                         ⟶ 62

---

62   Für den folgenden Satz 5 benötigen wir:

Es sei $c_k \leq 0$, $k = 1, 2, 3, \ldots$, und $\sum_{k=1}^{\infty} c_k$ absolut konvergent. Dann ist $\sum_{k=1}^{\infty} c_k$ konvergent.

!   Beweisen Sie diesen Sachverhalt!

                                                          Dann ⟶ 70

---

63   Weshalb ist $1 + \sum_{k=1}^{\infty} \dfrac{1}{k(k+1)}$ eine Majorante von

$$\sum_{k=1}^{\infty} \frac{1}{k^2} = 1 + \sum_{k=2}^{\infty} \frac{1}{k^2} = 1 + \sum_{k=1}^{\infty} \frac{1}{(k+1)^2} \; ?$$

!   Notieren Sie Ihre Begründung!   ⟶ 71

64

Wir haben bisher nur ein (notwendiges) Konvergenzkriterium kennengelernt. Weitere (hinreichende) Kriterien lassen sich bequem für den schärferen Begriff der absoluten Konvergenz formulieren.
Wir werden nach einem ersten Kriterium für absolute Konvergenz sofort zeigen können, daß aus der absoluten Konvergenz die Konvergenz einer unendlichen Reihe folgt. Andererseits gibt es jedoch konvergente Reihen, die nicht absolut konvergent sind.

> **Definition 3:** Eine Reihe $\sum_{k=1}^{\infty} a_k$ heißt **absolut konvergent**, wenn die Reihe $\sum_{k=1}^{\infty} |a_k|$ konvergiert.

Bemerkung: Für Reihen mit nur nichtnegativen Gliedern fallen offenbar die Begriffe „absolute Konvergenz" und „Konvergenz" zusammen.

——————→ 61

65

Satz 5: Jede absolut konvergente Reihe ist konvergent.

Beweis: Es sei $\sum_{k=1}^{\infty} |a_k|$ konvergent. Um zu zeigen, daß die Reihe $\sum_{k=1}^{\infty} a_k$ konvergiert, setzen wir

$$b_k = \begin{cases} a_k & \text{für } a_k \geq 0 \\ 0 & \text{für } a_k < 0 \end{cases}, \quad c_k = \begin{cases} a_k & \text{für } a_k < 0 \\ 0 & \text{für } a_k \geq 0 \end{cases}.$$

In Worten: Alle Glieder a_k, die positiv oder null sind, werden mit b_k bezeichnet, während alle Glieder a_k, die negativ sind, c_k genannt werden.

——————→ 67

66

Das letzte Gleichheitszeichen ist falsch, da Satz 2 die Konvergenz von $\sum_{k=1}^{\infty} a_k$ und $\sum_{k=1}^{\infty} b_k$ voraussetzt.

In der letzten Gleichung aus **56** sind diese Voraussetzungen verletzt. Zusammenfassend haben Sie gelernt, daß eine **konvergente Reihe** $\sum_{k=1}^{\infty} (a_k + b_k)$ **nicht ohne weiteres in der Gestalt** $\sum_{k=1}^{\infty} a_k + \sum_{k=1}^{\infty} b_k$ **zerlegt werden darf.**

——————→ 59

67 Die Reihen $\sum_{k=1}^{\infty} b_k$ und $\sum_{k=1}^{\infty} c_k$ erfüllen die Bedingung des Majorantenkriteriums mit der konvergenten Majorante $\sum_{k=1}^{\infty} |a_k|$, denn $\sum_{k=1}^{\infty} b_k$ entsteht aus $\sum_{k=1}^{\infty} |a_k|$, indem alle Glieder $|a_k|$ mit $a_k < 0$ weggelassen werden; analog entsteht $\sum_{k=1}^{\infty} c_k$ aus $\sum_{k=1}^{\infty} |a_k|$, indem alle Glieder $|a_k|$ mit $a_k \geq 0$ weggelassen werden. $\sum_{k=1}^{\infty} b_k$ und $\sum_{k=1}^{\infty} c_k$ sind daher absolut konvergent.

Wegen $b_k \geq 0$ fallen für $\sum_{k=1}^{\infty} b_k$ die Begriffe „absolute Konvergenz" und „Konvergenz" zusammen. Nach **70** ergibt sich die Konvergenz von $\sum_{k=1}^{\infty} c_k$. Die Konvergenz von $\sum_{k=1}^{\infty} a_k$ folgt nun wegen $a_k = b_k + c_k$ sofort aus Satz 2 (siehe **54**)

⟶ **68**

---

68 Die Methode des Vergleichs der zu untersuchenden Reihe mit einer zweiten Reihe, deren Konvergenzverhalten bekannt ist, liegt auch dem nächsten Satz zugrunde.

> **Satz 6 (Minorantenkriterium):**
>
> Es seien $\sum_{k=1}^{\infty} a_k$ und $\sum_{k=1}^{\infty} b_k$ zwei Reihen mit folgenden Eigenschaften:
>
> 1. $\sum_{k=1}^{\infty} |b_k|$ ist divergent.
>
> 2. Für jedes k gilt $|b_k| \leq |a_k|$.
>
> Dann ist $\sum_{k=1}^{\infty} |a_k|$ divergent.

Beweis: (t_n) bzw. (s_n) seien die Folgen der Partialsummen von $\sum_{k=1}^{\infty} |a_k|$ bzw. $\sum_{k=1}^{\infty} |b_k|$. Nach Voraussetzung 1 ist (s_n) divergent. Wegen der Monotonie von (s_n) kann diese Folge nicht beschränkt sein, da sie sonst konvergent wäre. Nach Voraussetzung 2 gilt $t_n \geq s_n$. Also ist (t_n) ebenfalls nicht beschränkt und folglich divergent.

⟶ **69**

69

Wir wollen Ihnen jetzt einmal vorführen, wie man Majoranten- und Minorantenkriterien auf konkret vorgegebene Reihen anwenden kann.
Als Beispiel wählen wir $\sum_{k=1}^{\infty} \frac{1}{k^\alpha}$ ($\alpha > 0$).
Wegen $\frac{1}{k^\alpha} > 0$ fallen hierbei die Begriffe „Konvergenz" und .... zusammen. Für $\alpha = 1$ erhalten wir die harmonische Reihe; sie ist ....
Für $0 < \alpha < 1$ gilt $k \geq k^\alpha$ ($k = 1, 2, 3, ...$) und somit $\frac{1}{k} \leq \frac{1}{k^\alpha}$. Mit dem Minorantenkriterium folgt hieraus die Divergenz von $\sum_{k=1}^{\infty} \left|\frac{1}{k^\alpha}\right| = \sum_{k=1}^{\infty} \frac{1}{k^\alpha}$ für $0 < \alpha < 1$.
Obwohl der Fall $\alpha > 1$ aus Lehrschritt 43 bekannt ist, betrachten wir den Fall $\alpha = 2$ im jetzigen Zusammenhang gesondert. Eine konvergente Majorante für $\sum_{k=1}^{\infty} \frac{1}{k^2}$ ist $1 + \sum_{k=1}^{\infty} \frac{1}{k(k+1)}$.

———————→ 63

70

Sinngemäß lauten die Beweisschritte:

Die absolute Konvergenz von $\sum_{k=1}^{\infty} c_k$ bedeutet die Konvergenz von $\sum_{k=1}^{\infty} |c_k|$.
Wegen $c_k \leq 0$ gilt $|c_k| = -c_k$, also ist $\sum_{k=1}^{\infty} (-c_k)$ konvergent. Nach Satz 3 (siehe 54) ergibt sich mit $c = -1$ die Konvergenz von $\sum_{k=1}^{\infty} c_k$.

———————→ 65

71

Ihre Begründung muß sinngemäß lauten:
Die Majoranteneigenschaft liegt genau dann vor, wenn

$$\frac{1}{(k+1)^2} \leq \frac{1}{k(k+1)} \quad (k = 1, 2, ...)$$

gilt. Zum Beweis hierfür kann man anführen:
Die Ungleichung ist äquivalent zu

$$(k+1)^2 \geq k(k+1).$$

Eine andere mögliche Formulierung lautet:
Die rechte Seite der ersten Ungleichung erhält man durch Verkleinern des Nenners der linken Seite.

———————→ 72

72 Die Reihe $\sum_{k=1}^{\infty} \frac{1}{k(k+1)}$ hatten wir bereits als konvergent erkannt. Ersetzt man in $\frac{1}{k(k+1)}$ im Nenner den Faktor k durch $k+1$, so wird der Nenner vergrößert und damit der Bruch verkleinert.

Also ist $\frac{1}{(k+1)^2} < \frac{1}{k(k+1)}$. Nach dem Majorantenkriterium folgt somit die Konvergenz von $\sum_{k=1}^{\infty} \frac{1}{(k+1)^2}$.

Die Partialsummen von $\sum_{k=1}^{\infty} \frac{1}{k^2}$ und $\sum_{k=1}^{\infty} \frac{1}{(k+1)^2}$ unterscheiden sich jeweils nur durch die additive Konstante 1. Die Folgen der Partialsummen und damit die Reihen haben also das gleiche Konvergenzverhalten.

Folglich ist $\sum_{k=1}^{\infty} \frac{1}{k^2}$ konvergent.

⎯⎯⎯⎯⎯⎯⎯⎯⎯⎯➤ 73

---

73 Aufgabe 15:

Untersuchen Sie unter Benutzung der Vergleichsreihe $\sum_{k=1}^{\infty} \frac{1}{k^2}$ das Konvergenzverhalten von $\sum_{k=1}^{\infty} \frac{1}{k^\alpha}$ für $\alpha > 2$.

Wofür würden Sie sich zur Lösung der Aufgabe entscheiden?

(a) Untersuchung, ob eine der Ungleichungen $\frac{1}{k^2} \leq \frac{1}{k^\alpha}$ oder $\frac{1}{k^2} \geq \frac{1}{k^\alpha}$ gilt.

⎯⎯⎯⎯⎯⎯⎯⎯⎯⎯➤ 82

(b) Anwenden des Minorantenkriteriums ⎯⎯⎯⎯⎯⎯⎯⎯⎯⎯➤ 74

(c) Anwenden des Majorantenkriteriums ⎯⎯⎯⎯⎯⎯⎯⎯⎯⎯➤ 83

---

74 Sie haben sich für das Minorantenkriterium entschieden, ohne zu beachten, daß wir Ihnen als Vergleichsreihe $\sum_{k=1}^{\infty} \frac{1}{k^2}$ vorgeschrieben haben. Diese Reihe konvergiert aber (vgl. 72). Sie können mit ihr und den Vergleichskriterien also höchstens die Konvergenz einer anderen Reihe nachweisen. Lesen Sie noch einmal aufmerksam die Vergleichskriterien in **61** und **68** durch, und gehen Sie anschließend nach

⎯⎯⎯⎯⎯⎯⎯⎯⎯⎯➤ 73

75

Die Begründung für die Aussage

$$\text{„}\sum_{k=1}^{\infty} b_k \text{ ist absolut konvergent"}$$

muß etwa lauten:

$\sum_{k=1}^{\infty} b_k$ geht aus $\sum_{k=1}^{\infty} a_k$ durch Änderung endlich vieler Glieder hervor. Das gleiche gilt deshalb auch für $\sum_{k=1}^{\infty} |b_k|$ und $\sum_{k=1}^{\infty} |a_k|$. Da $\sum_{k=1}^{\infty} |a_k|$ nach Voraussetzung konvergiert, konvergiert also auch $\sum_{k=1}^{\infty} |b_k|$, d. h., $\sum_{k=1}^{\infty} b_k$ ist absolut konvergent.

Da Sie diese Aussage richtig gefunden haben, ist von Ihnen der Begriff der absoluten Konvergenz richtig verstanden worden.

——————————→ 79

76

Sie haben bei Ihrer Begründung übersehen, daß $b_k = k(-1)^k$ nur für die ersten zehn Glieder gilt.
Alle übrigen b_k stimmen mit den a_k überein, die nach Satz 1 (vgl. 49) eine Nullfolge bilden. Durch das Ändern von endlich vielen Gliedern einer Folge wird der Grenzwert der Folge aber nicht geändert.

Erneut ——————————→ 81

77

Was war das Motiv für Ihre Entscheidung?

(b_k) ist keine Nullfolge. ——————————→ 76

Die b_k haben unterschiedliches Vorzeichen. ——————————→ 78

78

Die Aussage „Die b_k haben unterschiedliches Vorzeichen" ist sicher für die ersten zehn Glieder von $\sum_{k=1}^{\infty} b_k$ richtig, für Ihre Untersuchung aber völlig belanglos, denn für alle übrigen Glieder gilt $b_k = a_k$, und $\sum_{k=1}^{\infty} |a_k|$ ist nach Voraussetzung konvergent. Lesen Sie nochmals 80 und entscheiden Sie sich neu in 81!

——————————→ 80

79 Wie sieht Ihre Antwort in der zweiten Spalte von Aufgabe 16 in 81 aus?

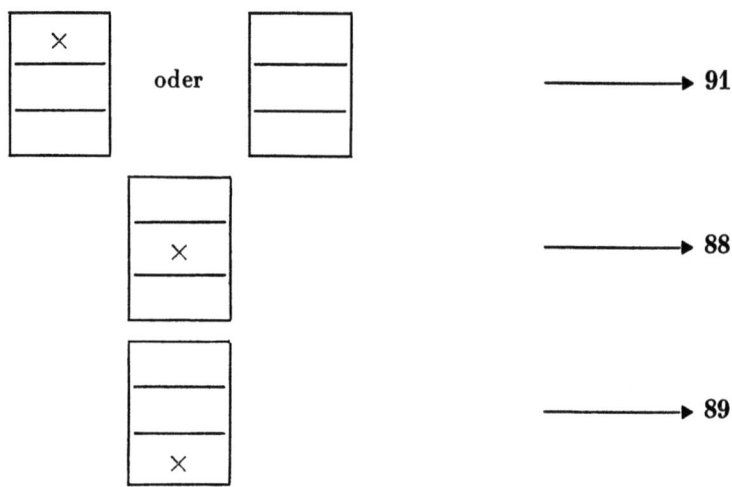

──────→ 91

──────→ 88

──────→ 89

---

80 Im Lehrschritt 72 demonstrierten wir am Beispiel der Reihe $\sum_{k=1}^{\infty} \frac{1}{k^3}$, daß das Weglassen bzw. Hinzufügen eines Gliedes das Konvergenzverhalten einer Reihe nicht verändert. Die dort verwendete Beweisidee läßt sich verallgemeinern und damit zeigen:

Durch Weglassen, Hinzufügen oder Abändern endlich vieler Glieder einer Reihe wird das Konvergenzverhalten nicht beeinflußt. Das gilt auch für absolute Konvergenz. ──────→ 81

---

81 Aufgabe 16: $\sum_{k=1}^{\infty} a_k$ sei absolut konvergent. Wir setzen

$b_k = k(-1)^k$ für $1 \leq k \leq 10$ und $b_k = a_k$ für $k \geq 11$.

! Kreuzen Sie für $\sum_{k=1}^{\infty} b_k$ und $\sum_{k=1}^{\infty} (-1)^k a_k$ die jeweils richtige Aussage an!

$\sum_{k=1}^{\infty} b_k$	$\sum_{k=1}^{\infty} (-1)^k a_k$	
		Die Reihe ist divergent.
		Die Reihe ist konvergent, aber nicht absolut konvergent.
		Die Reihe ist absolut konvergent.

──────→ 85

82

Da wir Ihnen $\sum_{k=1}^{\infty} \frac{1}{k^2}$ als Vergleichsreihe vorgegeben haben, ist der von Ihnen gewählte Schritt sinnvoll. Sie müßten sinngemäß zu folgendem Ergebnis gekommen sein:

Für $k \geqq 1$ und $\alpha > 2$ gilt $k^2 \leqq k^\alpha$, also $\frac{1}{k^\alpha} \leqq \frac{1}{k^2}$.

Sie erkennen daraus, daß $\sum_{k=1}^{\infty} \frac{1}{k^2}$ eine konvergente (vgl. 72) Majorante von $\sum_{k=1}^{\infty} \frac{1}{k^\alpha}$ ist, können somit das Majorantenkriterium anwenden und erhalten die absolute Konvergenz von $\sum_{k=1}^{\infty} \frac{1}{k^\alpha}$ für $\alpha > 2$.

──────→ 80

83

Sie haben sich richtig für das Majorantenkriterium entschieden. Beweggrund für Ihre Entscheidung müßte die Konvergenz der angegebenen Vergleichsreihe $\sum_{k=1}^{\infty} \frac{1}{k^2}$ sein, die die Anwendung des Minorantenkriteriums schon ausschließt.

! Wenden Sie das Majorantenkriterium an, und notieren Sie die hierzu nötigen Schritte!

....

──────→ 84

84

Sie hatten nur noch zu zeigen, daß $\sum_{k=1}^{\infty} \frac{1}{k^2}$ Majorante von $\sum_{k=1}^{\infty} \frac{1}{k^\alpha}$ ist. Dies erfolgt etwa so:

Für $k \geqq 1$ und $\alpha > 2$ ist $k^2 \leqq k^\alpha$, also $\frac{1}{k^\alpha} \leqq \frac{1}{k^2}$.

Mit dem Majorantenkriterium folgt jetzt sofort die Konvergenz von $\sum_{k=1}^{\infty} \frac{1}{k^\alpha}$ für $\alpha > 2$.

──────→ 80

85

Wir betrachten vorerst nur Ihre Entscheidung in der ersten Spalte.

Falls Ihre Antwort so aussieht: ☐/× , begründen Sie Ihre Aussage!

Dann ──────→ 75

Falls Sie anders entschieden haben ──────→ 77

86

Satz 4' (Ergänzung zum Majorantenkriterium):

Von den beiden gegebenen Reihen $\sum_{k=1}^{\infty} a_k$ und $\sum_{k=1}^{\infty} b_k$ sei bekannt, daß

1. $\sum_{k=1}^{\infty} b_k$ absolut konvergiert und daß

2. der Grenzwert $\lim_{k \to \infty} \frac{|a_k|}{|b_k|}$ existiert.

Dann folgt hieraus die absolute Konvergenz von $\sum_{k=1}^{\infty} a_k$.

Beweis: Aus $\lim_{k \to \infty} \frac{|a_k|}{|b_k|} = A$ folgt mit einer festen Zahl $M > A$ die Ungleichung $\frac{|a_k|}{|b_k|} < M$ (siehe Abb. 1) und damit $|a_k| < M |b_k|$, abgesehen von

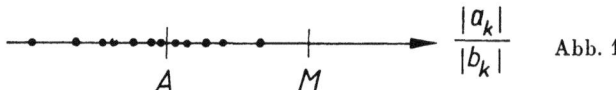

Abb. 1

endlich vielen Gliedern, also gewiß von einer Stelle $k = m$ ab ($k = m$, $m+1, \ldots$). Folglich ist $\sum_{k=m}^{\infty} M |b_k| = M \sum_{k=m}^{\infty} |b_k|$ eine konvergente Majorante von $\sum_{k=m}^{\infty} |a_k|$. Hieraus folgt die Konvergenz von $\sum_{k=1}^{\infty} |a_k|$, da es bei der Konvergenz auf endlich viele Glieder nicht ankommt (vgl. Lehrschritt 80).

▶ 87

87

Analog beweist man

Satz 6' (Ergänzung zum Minorantenkriterium):

Von den beiden gegebenen Reihen $\sum_{k=1}^{\infty} a_k$ und $\sum_{k=1}^{\infty} b_k$ sei bekannt, daß

1. $\sum_{k=1}^{\infty} |b_k|$ divergiert und daß

2. der Grenzwert $\lim_{k \to \infty} \frac{|b_k|}{|a_k|}$ existiert.

Dann folgt hieraus die Divergenz von $\sum_{k=1}^{\infty} |a_k|$.

▶ 92

88

Sie sind der Meinung, daß $\sum_{k=1}^{\infty} (-1)^k a_k$ konvergiert, aber nicht absolut konvergiert, d. h., daß $\sum_{k=1}^{\infty} |(-1)^k a_k| = \sum_{k=1}^{\infty} |a_k|$ nicht konvergiert.

Beachten Sie diese Gleichung und die Definition der absoluten Konvergenz: „Eine Reihe ist absolut konvergent, wenn die Reihe der Beträge ihrer Glieder konvergiert." Entscheiden Sie sich nochmals!

──────────→ 79

89

Ihre Antwort für die zweite Spalte ist richtig.

Die Begründung besteht in der Gleichung

$$|(-1)^k a_k| = |a_k|.$$

Sie können Ihr Studium fortsetzen.

──────────→ 90

90

Erfahrungsgemäß bereitet dem Anfänger die Anwendung des Majoranten- und Minorantenkriteriums (Lehrschritt **61**, Satz 4, und Lehrschritt **68**, Satz 6) in komplizierteren Fällen gewisse Schwierigkeiten, da hierbei mit Ungleichungen gearbeitet werden muß. Zur Erleichterung formulieren wir zu den Sätzen 4 bzw. 6 die folgenden beiden Sätze 4′ und 6′.

──────────→ 86

91

Sie sind sicher darüber gestolpert, daß zur Gewinnung von $\sum_{k=1}^{\infty} (-1)^k a_k$ aus $\sum_{k=1}^{\infty} a_k$ unendlich viele Glieder geändert werden müssen. Sie haben deshalb ganz richtig geschlossen, daß Lehrschritt **80** hier nicht anwendbar ist. Prägen Sie sich ein:

Die Voraussetzung „$\sum_{k=1}^{\infty} a_k$ **ist absolut konvergent" ist gleichwertig mit** „$\sum_{k=1}^{\infty} |a_k|$ **ist konvergent".**

Vergleichen Sie die absoluten Beträge von $(-1)^k a_k$ und a_k, und entscheiden Sie sich neu.

──────────→ 79

92 Die Beispiele in den Lehrschritten **69** und **73** sowie die Aufgabe c) im Lehrschritt **50** werden jetzt mit Hilfe der Sätze 4′ und 6′ behandelt.

Beispiel 1 (vgl. Lehrschritt 69): Gemäß Satz 6′ folgt aus der Divergenz der Reihe $\sum_{k=1}^{\infty} b_k = \sum_{k=1}^{\infty} \frac{1}{k}$ die Divergenz der Reihe $\sum_{k=1}^{\infty} a_k = \sum_{k=1}^{\infty} \frac{1}{k^\alpha}$ im Falle $0 < \alpha < 1$, denn der Grenzwert $\lim_{k \to \infty} \frac{|b_k|}{|a_k|} = \lim_{k \to \infty} \frac{k^\alpha}{k} = \lim_{k \to \infty} \frac{1}{k^{1-\alpha}}$ existiert wegen $1 - \alpha > 0$. Er hat den (jetzt nicht interessierenden) Wert 0.

⟶ 93

---

93 **Beispiel 2** (vgl. Lehrschritte 72 und 73): Gemäß Satz 4′ folgt aus der Konvergenz der Reihe $\sum_{k=1}^{\infty} b_k = \sum_{k=1}^{\infty} \frac{1}{k(k+1)}$ die Konvergenz von $\sum_{k=1}^{\infty} a_k = \sum_{k=1}^{\infty} \frac{1}{k^\alpha}$ im Falle $\alpha \geqq 2$, denn der Grenzwert

$$\lim_{k \to \infty} \frac{|a_k|}{|b_k|} = \lim_{k \to \infty} \frac{k(k+1)}{k^\alpha} = \lim_{k \to \infty} \frac{1}{k^{\alpha-2}} + \lim_{k \to \infty} \frac{1}{k^{\alpha-1}}$$

existiert wegen $\alpha - 2 \geqq 0$. Er hat im Falle $\alpha = 2$ bzw. $\alpha > 2$ den (jetzt nicht interessierenden) Wert 1 bzw. 0.

⟶ 96

---

94 Sie brauchen eine Hilfe. Wegen $\lim_{k \to \infty} \left|\frac{a_k}{b_k}\right| = A \neq 0$ existiert auch $\lim_{k \to \infty} \left|\frac{b_k}{a_k}\right| = \frac{1}{A}$.

! Machen Sie eine Fallunterscheidung für das Konvergenzverhalten von $\sum_{k=1}^{\infty} |b_k|$ und versuchen Sie den Beweis erneut.

Erst dann ⟶ 95

---

95 Den **Beweis** kann man etwa folgendermaßen führen:

1. Fall: $\sum_{k=1}^{\infty} |b_k|$ ist konvergent. Dann sind die Voraussetzungen von Satz 4′ erfüllt, und es kann somit die Konvergenz von $\sum_{k=1}^{\infty} |a_k|$ gefolgert werden.

2. Fall: $\sum_{k=1}^{\infty} |b_k|$ ist divergent. Dann sind wegen

$$\lim_{k \to \infty} \left|\frac{b_k}{a_k}\right| = \frac{1}{\lim_{k \to \infty} \left|\frac{a_k}{b_k}\right|}$$

die Voraussetzungen von Satz 6′ erfüllt, und es kann die Divergenz von $\sum_{k=1}^{\infty} |a_k|$ gefolgert werden.

⟶ 99

Beispiel 3 (vgl. Aufgabe c) von Lehrschritt 50): **96**

Die Reihe $\sum_{k=1}^{\infty} \ln\left(1 + \frac{1}{k}\right)$ ist auf Divergenz bzw. Konvergenz zu untersuchen. Die Funktion $\ln(1+x)$ hat bekanntlich an der Stelle $x = 0$ den Funktionswert 0 und die Ableitung ist dort gleich 1. Also ist die Gleichung der Tangente an die Kurve $\ln(1+x)$ an der Stelle $x = 0$ durch $y = x$ gegeben (siehe Abb. 2). Für große k ist deshalb die Größe $\frac{1}{k}$ eine brauchbare Näherung von $\ln\left(1 + \frac{1}{k}\right)$. Angeregt durch diese Vorbetrachtungen wählen wir als Vergleichsreihe die harmonische Reihe $\sum_{k=1}^{\infty} b_k = \sum_{k=1}^{\infty} \frac{1}{k}$. Aus

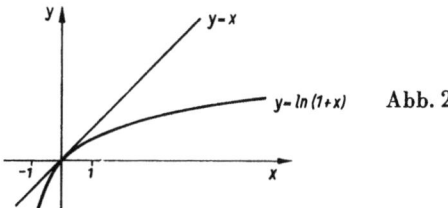

Abb. 2

der Divergenz dieser Reihe folgt nun auch die Divergenz der Reihe $\sum_{k=1}^{\infty} \ln\left(1 + \frac{1}{k}\right)$ gemäß Satz 6', denn der Grenzwert

$$\lim_{k \to \infty} \frac{|b_k|}{|a_k|} = \lim_{k \to \infty} \frac{\ln\left(1 + \frac{1}{k}\right)}{\frac{1}{k}} = \lim_{x \to 0} \frac{\ln(1+x)}{x} = \lim_{x \to 0} \frac{1}{1+x} = 1$$

existiert, wobei zum Schluß die Regel von de l'Hospital benutzt wurde.

——————→ 100

Die Antwort lautet sinngemäß: Im angegebenen Beispiel sind die Voraussetzungen von Satz 7 verletzt, da zwar der Grenzwert $\lim_{k \to \infty} \left|\frac{a_k}{b_k}\right|$ existiert, jedoch den Wert 0 hat. **97**

——————→ 101

Wäre Satz 7 anwendbar, dann wären die Reihen $\sum_{k=1}^{\infty} \frac{1}{k^2}$ und $\sum_{k=1}^{\infty} \frac{1}{k}$ entweder beide konvergent oder beide divergent. **98**
Das ist aber falsch. Infolgedessen können die Voraussetzungen von Satz 7 nicht alle in unserem Beispiel erfüllt sein.
Welche der Voraussetzungen ist im vorliegenden Beispiel nicht erfüllt?

! Erst antworten, dann ——————→ 97

99 Wir wollen nunmehr testen, ob Sie den Satz 7 vollständig erfaßt haben. Bekanntlich konvergiert $\sum_{k=1}^{\infty} \frac{1}{k^2}$, und es divergiert $\sum_{k=1}^{\infty} \frac{1}{k}$. Der Grenzwert von $\lim_{k \to \infty} \left|\frac{a_k}{b_k}\right|$ mit $a_k = \frac{1}{k^2}$ und $b_k = \frac{1}{k}$ existiert. Wie verträgt sich das Ergebnis mit Satz 7?

   Ich habe eine Antwort.   ⟶ 97

   Ich verstehe die Frage nicht.   ⟶ 98

---

100 Mit Hilfe der Sätze 4' und 6' sollen Sie den folgenden Satz beweisen:

> Satz 7: Wenn $\lim_{k \to \infty} \left|\frac{a_k}{b_k}\right|$ existiert und von Null verschieden ist, so haben die beiden Reihen $\sum_{k=1}^{\infty} |a_k|$ und $\sum_{k=1}^{\infty} |b_k|$ das gleiche Konvergenzverhalten, d. h., sie sind entweder beide konvergent oder beide divergent.

Ich glaube, den Beweis gefunden zu haben, und möchte seine Richtigkeit überprüfen.   ⟶ 95

Ich kann den Ansatz für den Beweis nicht finden.   ⟶ 94

---

101 Die Vergleichskriterien sind zwar sehr weitreichend, aber oft relativ unbequem in der Handhabung. Wir wollen deshalb zwei weitere Kriterien kennenlernen, die eine Entscheidung auf rechnerischem Wege leicht ermöglichen, dafür aber nur die Untersuchung einer kleineren Klasse von Reihen gestatten.   ⟶ 102

---

102 Satz 8 (Wurzelkriterium):

> Gegeben sei die Reihe $\sum_{k=1}^{\infty} a_k$, und es existiere der Grenzwert $\lim_{k \to \infty} \sqrt[k]{|a_k|} = p$.
>
> Ist $p < 1$, dann ist $\sum_{k=1}^{\infty} a_k$ absolut konvergent.
>
> Ist $p > 1$, dann ist $\sum_{k=1}^{\infty} a_k$ divergent.

Im Falle $p = 1$ ist auf diesem Wege keine Entscheidung möglich.   ⟶ 103

103

Zum **Beweis** der absoluten Konvergenz im Falle $p < 1$ benutzen wir die Idee des Beweises von Satz 4'.

Aus $\lim\limits_{k \to \infty} \sqrt[k]{|a_k|} = p < 1$ folgt mit einer festen Zahl q mit $p < q < 1$ die Ungleichung $\sqrt[k]{|a_k|} < q$ (siehe Abb. 3) und damit $|a_k| < q^k$, abgesehen von

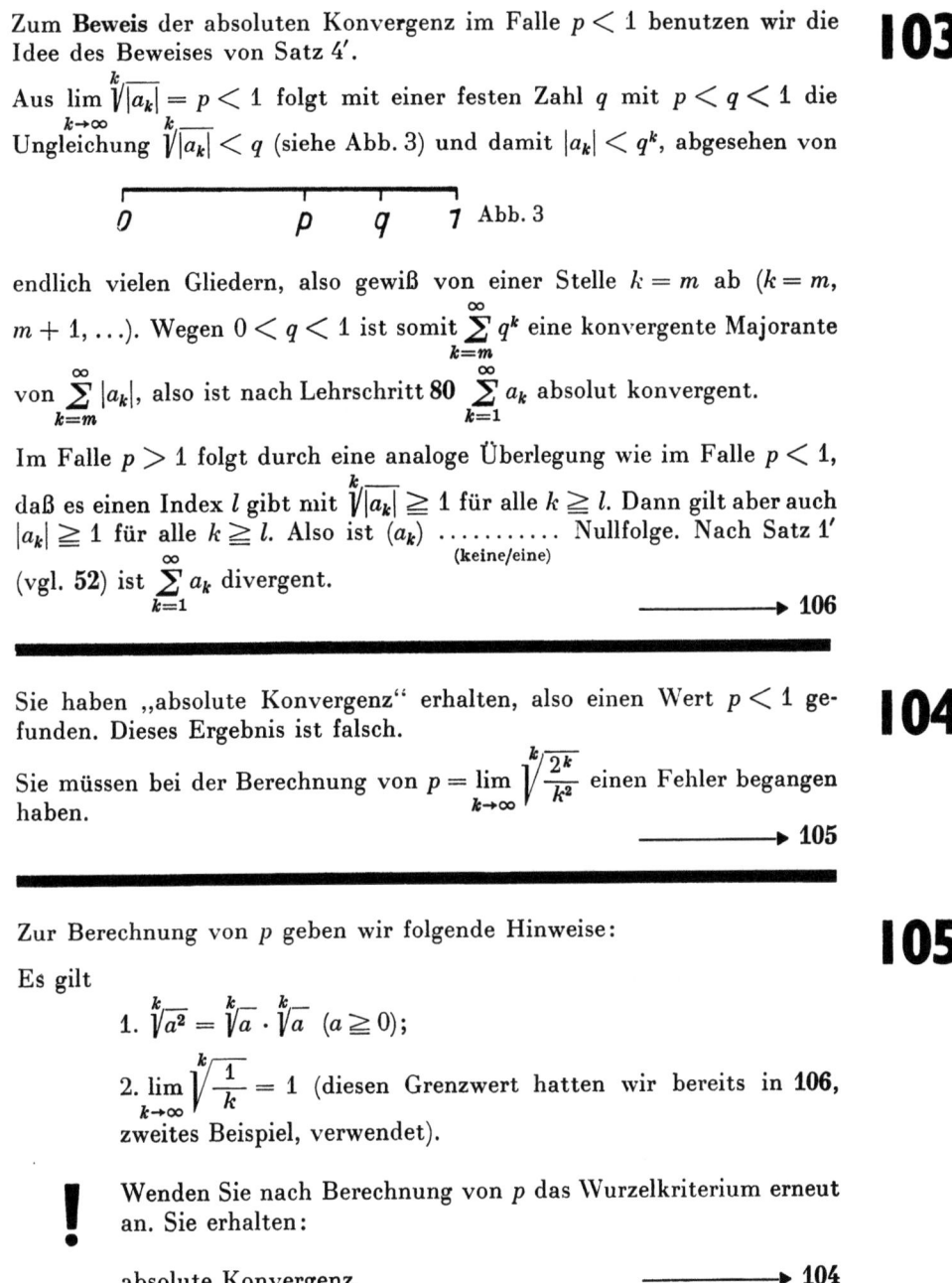

Abb. 3

endlich vielen Gliedern, also gewiß von einer Stelle $k = m$ ab ($k = m$, $m + 1, \ldots$). Wegen $0 < q < 1$ ist somit $\sum\limits_{k=m}^{\infty} q^k$ eine konvergente Majorante von $\sum\limits_{k=m}^{\infty} |a_k|$, also ist nach Lehrschritt 80 $\sum\limits_{k=1}^{\infty} a_k$ absolut konvergent.

Im Falle $p > 1$ folgt durch eine analoge Überlegung wie im Falle $p < 1$, daß es einen Index l gibt mit $\sqrt[k]{|a_k|} \geq 1$ für alle $k \geq l$. Dann gilt aber auch $|a_k| \geq 1$ für alle $k \geq l$. Also ist (a_k) .... Nullfolge. Nach Satz 1' (keine/eine)

(vgl. **52**) ist $\sum\limits_{k=1}^{\infty} a_k$ divergent.

——————→ **106**

104

Sie haben „absolute Konvergenz" erhalten, also einen Wert $p < 1$ gefunden. Dieses Ergebnis ist falsch.

Sie müssen bei der Berechnung von $p = \lim\limits_{k \to \infty} \sqrt[k]{\dfrac{2^k}{k^2}}$ einen Fehler begangen haben.

——————→ **105**

105

Zur Berechnung von p geben wir folgende Hinweise:

Es gilt

1. $\sqrt[k]{a^2} = \sqrt[k]{a} \cdot \sqrt[k]{a}$ $(a \geq 0)$;

2. $\lim\limits_{k \to \infty} \sqrt[k]{\dfrac{1}{k}} = 1$ (diesen Grenzwert hatten wir bereits in **106**, zweites Beispiel, verwendet).

! Wenden Sie nach Berechnung von p das Wurzelkriterium erneut an. Sie erhalten:

absolute Konvergenz ——————→ **104**

Divergenz ——————→ **108**

106 Die Anwendbarkeit des Wurzelkriteriums wollen wir an einigen **Beispielen** erläutern.

1. Wir untersuchen zuerst die Reihe $\sum_{k=1}^{\infty} \left(\frac{-k}{3k+1}\right)^k$.

Wir finden $p = \lim_{k \to \infty} \sqrt[k]{|a_k|} = \lim_{k \to \infty} \sqrt[k]{\left|\left(\frac{-k}{3k+1}\right)^k\right|} = \lim_{k \to \infty} \frac{k}{3k+1} = \frac{1}{3}$.

Aus $p < 1$ folgt die absolute Konvergenz der Reihe.

2. Als nächste Reihe untersuchen wir die als divergent bekannte harmonische Reihe $\sum_{k=1}^{\infty} \frac{1}{k}$ mit dem Wurzelkriterium. Wir finden $p = \lim_{k \to \infty} \sqrt[k]{\frac{1}{k}} = 1$ (die ausführliche Berechnung dieses Grenzwertes finden Sie im Lehrschritt **111**).

Das Wurzelkriterium gestattet hier keine Aussage, da der Fall $p = 1$ dort nicht erfaßt ist. Ehe wir das Ergebnis näher erläutern, behandeln wir noch

3. die Reihe $\sum_{k=1}^{\infty} \frac{1}{k^2}$, die uns als konvergent bekannt ist, mit dem Wurzelkriterium.

Hier ergibt sich ebenfalls

$$p = \lim_{k \to \infty} \sqrt[k]{\frac{1}{k^2}} = \lim_{k \to \infty} \sqrt[k]{\frac{1}{k}} \cdot \lim_{k \to \infty} \sqrt[k]{\frac{1}{k}} = 1.$$

Aus den letzten beiden Beispielen ersehen wir, daß im Falle $p = 1$ sowohl Konvergenz als auch Divergenz auftreten kann. Im Falle $p = 1$ liefert uns das Wurzelkriterium keine Entscheidung, es sind dann andere Untersuchungen notwendig.

⎯⎯⎯⎯⎯⎯⎯⎯→ 107

---

107 Aufgabe 17:

Untersuchen Sie mit dem Wurzelkriterium das Konvergenzverhalten der Reihe

$$\sum_{k=1}^{\infty} (-1)^k \left(\frac{2}{k}\right)^k.$$

Ihre Lösung: ....

Ihr Ergebnis ist: „absolute Konvergenz" ⎯⎯⎯⎯⎯→ 113

„Divergenz" ⎯⎯⎯⎯⎯→ 114

108

Sie haben recht! Die richtige Rechnung lautet etwa:

$$p = \lim_{k\to\infty} \sqrt[k]{\frac{2^k}{k^2}} = \lim_{k\to\infty} 2\sqrt[k]{\frac{1}{k}}\sqrt[k]{\frac{1}{k}} = 2\lim_{k\to\infty}\sqrt[k]{\frac{1}{k}}\lim_{k\to\infty}\sqrt[k]{\frac{1}{k}} = 2$$

($\lim_{k\to\infty}\sqrt[k]{\frac{1}{k}} = 1$ hatten wir Ihnen schon in **106**, Beispiel 2, angegeben).

Aus $p = 2 > 1$ folgt die Divergenz.

——————→ 109

109

In ähnlicher Weise wie das Wurzelkriterium läßt sich auch das folgende Quotientenkriterium beweisen. Wir geben es Ihnen deshalb ohne Beweis an.

> **Satz 9 (Quotientenkriterium):**
>
> Gegeben sei die Reihe $\sum_{k=1}^{\infty} a_k$, und es existiere der Grenzwert
> $p = \lim_{k\to\infty} \left|\frac{a_{k+1}}{a_k}\right|$.
>
> Ist $p < 1$, so ist $\sum_{k=1}^{\infty} a_k$ absolut konvergent.
>
> Ist $p > 1$, so ist $\sum_{k=1}^{\infty} a_k$ divergent.

Im Falle $p = 1$ liefert das Quotientenkriterium — ebenso wie das Wurzelkriterium — keine Entscheidung.

——————→ 110

110

Als **Beispiel** untersuchen wir die Reihe $\sum_{k=1}^{\infty} \frac{1}{k!}$ mit Hilfe des Quotientenkriteriums.

Wir erhalten:

$$p = \lim_{k\to\infty} \left|\frac{a_{k+1}}{a_k}\right| = \lim_{k\to\infty} \frac{k!}{(k+1)!}$$

$$= \lim_{k\to\infty} \frac{1\cdot 2\cdot 3\cdots k}{1\cdot 2\cdot 3\cdots k\cdot(k+1)} = \lim_{k\to\infty} \frac{1}{k+1} = 0,$$

also ist $\sum_{k=1}^{\infty} \frac{1}{k!}$ (absolut) konvergent.

——————→ 115

111 Sie wollten die Berechnung des Grenzwertes $\lim\limits_{k\to\infty}\sqrt[k]{\frac{1}{k}}=1$ nachlesen:

$$\lim_{k\to\infty}\sqrt[k]{\frac{1}{k}} = \lim_{k\to\infty}\left(\frac{1}{k}\right)^{\frac{1}{k}} = \lim_{k\to\infty} e^{\frac{1}{k}\ln\frac{1}{k}} = e^{\lim\limits_{k\to\infty}\frac{1}{k}\ln\frac{1}{k}}.$$

Nach der Regel von de l'Hospital gilt aber:

$$\lim_{k\to\infty}\frac{1}{k}\ln\frac{1}{k} = \lim_{k\to\infty}\frac{\ln 1 - \ln k}{k} = \lim_{k\to\infty}\frac{0 - \frac{1}{k}}{1} = 0.$$

Also folgt:

$$\lim_{k\to\infty}\sqrt[k]{\frac{1}{k}} = e^0 = 1.$$

! Setzen Sie jetzt das in Lehrschritt **106** unterbrochene Studium fort!

⟶ 106

---

112 1) Quotientenkriterium:

$$\lim_{k\to\infty}\frac{[(k+1)!]^2(2k)!}{[2(k+1)]!(k!)^2} = \lim_{k\to\infty}\frac{k+1}{2(2k+1)} = \frac{1}{2}\lim_{k\to\infty}\frac{1}{2}\left(1+\frac{1}{2k+1}\right) = \frac{1}{4}.$$

$\sum\limits_{k=1}^{\infty}\frac{(k!)^2}{(2k)!}$ ist absolut konvergent.

2) Quotientenkriterium:

$$\lim_{k\to\infty}\frac{(k+1)!\,5^{k+1}}{5^k(k+2)!} = \lim_{k\to\infty}\frac{5}{k+2} = 0.$$

$\sum\limits_{k=0}^{\infty}\frac{5^k}{(k+1)!}$ ist absolut konvergent.

3) Wurzelkriterium:

$$\lim_{k\to\infty}\sqrt[k]{\frac{3^k}{(2\arctan k)^k}} = \frac{3}{2}\cdot\frac{2}{\pi}<1.$$

Die Reihe ist absolut konvergent.

4) Divergent (Quotientenkriterium).

5) Konvergent (Wurzelkriterium).

6) $a_k = k^k\cdot\sin^k\frac{2}{k}$. Divergent (Wurzelkriterium).

⟶ 118

Ihre Lösung ist richtig!

Aufgabe 18:

Untersuchen Sie jetzt noch die Reihe $\sum_{k=1}^{\infty} \frac{2^k}{k^2}$ mit dem Wurzelkriterium!

Ihre Lösung: ....

....

! Entscheiden Sie:

Die Reihe ist absolut konvergent. ———→ 104

Die Reihe ist divergent. ———→ 108

Ich habe p nicht berechnen können. ———→ 105

113

Sie haben Divergenz ermittelt. Die richtige Rechnung müßte sinngemäß lauten:

$$p = \lim_{k\to\infty} \sqrt[k]{|a_k|} = \lim_{k\to\infty} \sqrt[k]{\left|(-1)^k \left(\frac{2}{k}\right)^k\right|} = \lim_{k\to\infty} \sqrt[k]{\left(\frac{2}{k}\right)^k} = \lim_{k\to\infty} \frac{2}{k} = 0.$$

Korrigieren Sie den Fehler und Ihre Entscheidung. Sie können dann die nächste Aufgabe behandeln.

———→ 113

Haben Sie das gleiche Rechenergebnis $p = 0$, so müssen Sie Satz 8 in 102 nochmals aufmerksam lesen und dann nach 107 zurückkehren.

——— 102 ———→ 107

114

Aufgabe 19:

Untersuchen Sie das Konvergenzverhalten der Reihe $\sum_{k=1}^{\infty} \frac{k^2}{2^k}$ mit dem Quotientenkriterium!

Ihre Rechnung: ....

....

Ihr Ergebnis: absolute Konvergenz   ———→ 119

   Divergenz   ———→ 120

115

— 43 —

116 In den folgenden Lehrschritten werden Ihnen weitere Übungsaufgaben gestellt. Damit wird Ihnen Gelegenheit gegeben, sich zu den erworbenen Kenntnissen auch die erforderlichen Fertigkeiten bei der Bestimmung des Konvergenzverhaltens unendlicher Reihen anzueignen.

Zunächst werden Sie prüfen, ob das Wurzel- oder das Quotientenkriterium relativ leicht durchzuführen ist. Sollte das **nicht** der Fall sein, oder sollten diese Kriterien keine Entscheidung liefern ($p = 1$), so werden Sie prüfen, ob $\lim a_n = 0$ gilt. Sollte das **nicht** der Fall sein, so liegt Divergenz vor. Andernfalls benutzen Sie die Vergleichskriterien (Sätze 4 und 6 oder auch Sätze 4' und 6'). Hier werden Sie sich vor Aufnahme der Rechnung zunächst überlegen, ob Sie die in Frage stehende Reihe auf Konvergenz oder Divergenz prüfen. Das macht dem Anfänger häufig Schwierigkeiten. Deshalb werden Ihnen in den Lösungen bei einigen Aufgaben die dafür erforderlichen Gedankengänge erläutert.

Als Vergleichsreihen reichen häufig aus:

1. die geometrische Reihe $\sum_{k=1}^{\infty} q^k$ $\begin{cases} \text{absolut konvergent für } |q| < 1 \\ \text{divergent für } |q| \geq 1 \end{cases}$

2. Die Zeta-Reihe $\sum_{k=1}^{\infty} \dfrac{1}{k^\alpha}$ $\begin{cases} \text{(absolut) konvergent für } \alpha > 1 \\ \text{divergent für } \alpha \leq 1 \end{cases}$

⟶ 117

---

117 Aufgabe 20:

Stellen Sie durch Reihenvergleich fest, ob die folgenden Reihen konvergieren oder divergieren.

1) $\sum_{k=1}^{\infty} \dfrac{1}{4k^2 - k}$

2) $\sum_{k=2}^{\infty} \dfrac{\ln k}{\sqrt{k}}$

3) $\sum_{k=1}^{\infty} \sin \dfrac{\pi}{2^k}$

4) $\sum_{k=2}^{\infty} \left(\dfrac{1}{\sqrt{k}-1} - \dfrac{1}{\sqrt{k}+1} \right)$

5) $\sum_{k=1}^{\infty} \dfrac{1}{\sqrt{k(k+1)}}$

6) $\sum_{k=1}^{\infty} \dfrac{\sqrt{k+1} - \sqrt{k}}{k}$

Beachten Sie: $\sqrt{k+1} = \sqrt{k}\sqrt{1 + \dfrac{1}{k}}$, ferner die Idee im Lehrschritt **96**.

Ihre Lösungen können Sie mit denen in **123** und **121** vergleichen.

⟶ 123

Aufgabe 22: | **118**

Bestimmen Sie das Konvergenzverhalten folgender Reihen mit einem geeigneten Kriterium.

1) $\sum_{k=1}^{\infty} \frac{2^{k-1}}{k(k+1)}$

2) $\sum_{k=0}^{\infty} \frac{2k-2}{3k+4}$

3) $\sum_{k=1}^{\infty} \frac{1}{\ln(k+1)}$

4) $\sum_{k=1}^{\infty} \frac{\sin\frac{1}{k}}{\sqrt{k+1}}$

5) $\sum_{k=2}^{\infty} (\sqrt[k]{k} - 1)^k$

6) $\sum_{k=1}^{\infty} \frac{k!}{k^k}$

7) $\sum_{k=1}^{\infty} \frac{k}{(k+1)(k+2)^2}$

Die Lösung finden Sie in Schritt **122**.

──────────→ **122**

Jawohl – Ihre Lösung ist richtig. | **119**

Hoffentlich haben Sie $p = \frac{1}{2}$ erhalten. Den Rechnungsgang können Sie in **120** vergleichen.

──────────→ **116**

Ihr Ergebnis ist falsch. | **120**

Ein richtiger Weg zur Berechnung von p ist

$$p = \lim_{k\to\infty} \frac{a_{k+1}}{a_k} = \lim_{k\to\infty} \left(\frac{(k+1)^2}{2^{k+1}} \cdot \frac{2^k}{k^2}\right) = \lim_{k\to\infty} \frac{(k+1)^2}{2k^2}$$

$$= \frac{1}{2} \cdot \lim_{k\to\infty} \left(\frac{k+1}{k}\right)^2 = \frac{1}{2}.$$

! Korrigieren Sie Ihre Rechnung.

──────────→ **116**

– 45 –

121 3) $\sum\limits_{k=1}^{\infty} \sin \dfrac{\pi}{2^k}$.

Für große k-Werte wird $\dfrac{\pi}{2^k}$ sehr klein. Für kleine Argumente α gilt aber die Näherung $\sin \alpha \approx \alpha$ (vgl. die Idee von Lehrschritt **96**). Das führt zu der Überlegung, eine Untersuchung auf Konvergenz mit der Vergleichsreihe $\sum\limits_{k=1}^{\infty} \left(\dfrac{1}{2}\right)^k$ als konvergente Majorante durchzuführen.

$$\lim_{k \to \infty} \dfrac{\left|\sin \dfrac{\pi}{2^k}\right|}{\left|\left(\dfrac{1}{2}\right)^k\right|} = \lim_{k \to \infty} \pi \cdot \dfrac{\sin \dfrac{\pi}{2^k}}{\dfrac{\pi}{2^k}} = \pi$$

(Beachten Sie: $\lim\limits_{t \to 0} \dfrac{\sin t}{t} = 1$).

Der Grenzwert existiert; $\sum\limits_{k=1}^{\infty} \sin \dfrac{\pi}{2^k}$ ist folglich absolut konvergent.

4) Divergent; Vergleichsreihe: $\sum\limits_{k=2}^{\infty} \dfrac{1}{k}$.

5) Divergent; Vergleichsreihe: $\sum\limits_{k=1}^{\infty} \dfrac{1}{k}$.

6) Konvergent; Vergleichsreihe: $\sum\limits_{k=1}^{\infty} \dfrac{1}{k^{\frac{3}{2}}}$.

⟶ 124

---

122 1) Divergent (Quotientenkriterium).

2) Divergent, $\lim\limits_{k \to \infty} a_k \neq 0$; damit entfallen weitere Untersuchungen.

3) Divergent; Minorante: $\sum\limits_{k=1}^{\infty} \dfrac{1}{k}$.

4) Absolut konvergent; Majorante: $\sum\limits_{k=1}^{\infty} \dfrac{1}{k^{\frac{3}{2}}}$.

5) Absolut konvergent (Wurzelkriterium).

6) Absolut konvergent (Quotientenkriterium).

7) Absolut konvergent; Majorante: $\sum\limits_{k=1}^{\infty} \dfrac{1}{k^2}$.

⟶ 125

1) $\sum_{k=1}^{\infty} \frac{1}{4k^2 - k}$. Wenn man den Nenner betrachtet, erkennt man, daß für große k der für den Wert des Nenners dominierende Anteil $4k^2$ ist. Damit liegt ein Vergleich mit der Reihe $\frac{1}{4} \sum_{k=1}^{\infty} \frac{1}{k^2}$ nahe, deren (absolute) Konvergenz bekannt ist.

123

Anwendung von Satz 4' ergibt:

$$\lim_{k \to \infty} \frac{\frac{1}{4k^2 - k}}{\frac{1}{4} \frac{1}{k^2}} = \lim_{k \to \infty} \frac{4k^2}{4k^2 - k} = \lim_{k \to \infty} \frac{4}{4 - \frac{1}{k}} = 1.$$

Dieser Grenzwert existiert. Die (absolute) Konvergenz der Reihe $\sum_{k=1}^{\infty} \frac{1}{4k^2 - k}$ ist damit bewiesen.

2) $\sum_{k=1}^{\infty} \frac{\ln k}{\sqrt{k}}$. Die Reihe $\sum_{k=1}^{\infty} \frac{1}{\sqrt{k}}$ (Zeta-Reihe im Falle $\alpha = \frac{1}{2}$) divergiert. Wegen $\frac{\ln k}{\sqrt{k}} > \frac{\ln 2}{\sqrt{k}}$ ist $(\ln 2) \sum_{k=1}^{\infty} \frac{1}{\sqrt{k}}$ eine divergente Minorante der zu untersuchenden Reihe. Diese ist also divergent.

⟶ 121

Aufgabe 21:

124

Wenden Sie zur Bestimmung von Konvergenz oder Divergenz der folgenden Reihen je nach Zweckmäßigkeit das Quotientenkriterium oder das Wurzelkriterium an.

1) $\sum_{k=1}^{\infty} \frac{(k!)^2}{(2k)!}$;   2) $\sum_{k=0}^{\infty} \frac{5^k}{(k+1)!}$;   3) $\sum_{k=1}^{\infty} \frac{3^k}{(2 \arctan k)^k}$;   4) $\sum_{k=0}^{\infty} \frac{2k-2}{3k+4} 3^k$;

5) $\sum_{k=2}^{\infty} \frac{1}{(\lg k)^k}$;   6) $1^1 \sin \frac{2}{1} + 2^2 \sin^2 \frac{2}{2} + 3^3 \sin^3 \frac{2}{3} + 4^4 \sin^4 \frac{2}{4} + \cdots$.

Die Lösungen finden Sie in Schritt 112.

! Vergleichen Sie Ihre Ergebnisse mit diesen!

⟶ 112

125 Aufgabe 23:

Abschließend werden Ihnen noch zwei Aufgaben gestellt, in denen Sie feststellen sollen, für welche Werte von a diese Reihen konvergieren bzw. divergieren.

1) $\sum_{k=1}^{\infty} \left(\frac{\sqrt{a}}{k}\right)^k \cdot k!$ $(a > 0, a \neq e^2)$

2) $\sum_{k=1}^{\infty} \frac{k}{e^{ka}-1}$ $(a \neq 0)$

! Lösen Sie die Aufgaben selbständig!

$\longrightarrow$ 126

---

126 **!** Vergleichen Sie!

1) $\lim\limits_{k\to\infty} \frac{(\sqrt{a})^{k+1} (k+1)! \, k^k}{(k+1)^{k+1} (\sqrt{a})^k \, k!} = \lim\limits_{k\to\infty} \frac{\sqrt{a}}{\left(1+\frac{1}{k}\right)^k} = \frac{\sqrt{a}}{e}$.

Konvergent für $\frac{\sqrt{a}}{e} < 1$, d. h. für $0 < a < e^2$.

Divergent für $\frac{\sqrt{a}}{e} > 1$, d. h. für $a > e^2$.

2) Konvergent für alle $a > 0$.
   Divergent für alle $a < 0$.

$\longrightarrow$ 128

---

127 Textlückenverzeichnis

54	... der Folge ihrer **Partialsummen**.	$\longrightarrow$ 54
59	... und hat den Wert **Null**.	$\longrightarrow$ 59
61	..., also daß die Reihe $\sum_{k=1}^{\infty} |a_k|$ konvergiert.	$\longrightarrow$ 61
61	Die Folge (t_n) ist monoton **wachsend**.	$\longrightarrow$ 61
69	... die Begriffe „Konvergenz" und **absolute Konvergenz** zusammen.	$\longrightarrow$ 69
69	... harmonische Reihe; sie ist **divergent**.	$\longrightarrow$ 69
103	Also ist (a_k) keine Nullfolge.	$\longrightarrow$ 103

Zusammenfassung (Basaltext) 128

Einfachste Konvergenzkriterien für unendliche Reihen

Definitionen (23, 36, 64)[1]

Unter einer Reihe $\sum_{k=1}^{\infty} a_k$ (a_k reell) versteht man die Folge (s_n) der Partialsummen $s_n = \sum_{k=1}^{n} a_k$ ($n = 1, 2, \ldots$). Die a_k heißen Glieder der Reihe. Die Reihe heißt konvergent, wenn $\lim_{n \to \infty} s_n = s$ existiert; in diesem Fall schreibt man $\sum_{k=1}^{\infty} a_k = s$.

Eine Reihe heißt divergent, wenn sie nicht konvergent ist. $\sum_{k=1}^{\infty} a_k$ heißt absolut konvergent, wenn $\sum_{k=1}^{\infty} |a_k|$ konvergent ist.

Sätze

Jede absolut konvergente Reihe ist konvergent. (65)

Die Abänderung endlich vieler Reihenglieder beeinflußt das Konvergenzverhalten nicht. (80)

Sind $\sum_{k=1}^{\infty} a_k$ und $\sum_{k=1}^{\infty} b_k$ konvergent, so ist auch $\sum_{k=1}^{\infty} (a_k + b_k)$ konvergent, und es gilt $\sum_{k=1}^{\infty} (a_k + b_k) = \sum_{k=1}^{\infty} a_k + \sum_{k=1}^{\infty} b_k$. (54)

Ist $\sum_{k=1}^{\infty} a_k$ konvergent, so ist für jede reelle Zahl c auch $\sum_{k=1}^{\infty} c a_k$ konvergent, und es gilt $\sum_{k=1}^{\infty} c a_k = c \sum_{k=1}^{\infty} a_k$. (54)

---

[1] Die Zahlen geben die Lehrschritte an, in denen die Definitionen, Sätze oder Kriterien aufgeführt sind.

Wichtige **Konvergenzkriterien** sind:

1. *Notwendig* für die *Konvergenz* einer Reihe ist, daß ihre Glieder eine Nullfolge bilden, d. h., *hinreichend* für die *Divergenz* einer Reihe ist, daß ihre Glieder keine Nullfolge bilden. (**49, 52**)

2. Wenn $\sum_{k=1}^{\infty} b_k$ absolut konvergent ist und $|a_k| \leq |b_k|$ gilt, dann ist auch $\sum_{k=1}^{\infty} a_k$ absolut konvergent (Majorantenkriterium). (**61**)

3. Wenn $\sum_{k=1}^{\infty} |b_k|$ divergent ist und $|b_k| \leq |a_k|$ gilt, dann ist $\sum_{k=1}^{\infty} |a_k|$ divergent (Minorantenkriterium). (**68**)

4. $\sum_{k=1}^{\infty} a_k$ ist absolut konvergent, wenn $\lim_{k \to \infty} \left| \frac{a_{k+1}}{a_k} \right|$ existiert und kleiner als 1 ist. $\sum_{k=1}^{\infty} a_k$ ist divergent, wenn $\lim_{k \to \infty} \left| \frac{a_{k+1}}{a_k} \right|$ existiert und größer als 1 ist (Quotientenkriterium). (**109**)

5. $\sum_{k=1}^{\infty} a_k$ ist absolut konvergent, wenn $\lim_{k \to \infty} \sqrt[k]{|a_k|}$ existiert und kleiner als 1 ist. $\sum_{k=1}^{\infty} a_k$ ist divergent, wenn $\lim_{k \to \infty} \sqrt[k]{|a_k|}$ existiert und größer als 1 ist (Wurzelkriterium). (**102**)

Damit sind Sie am **Ende des Lehrprogramms** angelangt.

Wir hoffen, daß Sie durch das Programm über feste theoretische Kenntnisse und praktische Fertigkeiten im Umgang mit unendlichen Reihen verfügen.

Wir wünschen uns, daß Ihnen diese Form des Lernens Spaß bereitet hat und Sie bald wieder zu einem programmierten Lehrmaterial greifen.

Nachwort

Der Kenner wird im vorliegenden Programm die Leibnizsche Regel vermissen. Wir haben sie hier noch nicht aufgenommen, weil man sie erst bei der Untersuchung alternierender Reihen benutzen wird, für die keine absolute Konvergenz vorliegt; d. h., man bestimmt mit ihrer Hilfe die Konvergenz von alternierenden Reihen, die nicht absolut konvergieren. Solche Reihen wird man jedoch in der Praxis möglichst vermeiden, da sie sich für die numerische Auswertung nicht eignen. Bei dem Versuch, den Wert der unendlichen Reihe durch eine ihrer Partialsummen gut anzunähern, ist nämlich die Summandenanzahl so groß zu wählen, daß der numerische Aufwand für die Berechnung zu umfangreich wird.

Es ist naheliegend, daß der Lernende beim Studium des Programms gefühlsmäßig zu folgender Auffassung kommt: Ist eine Reihe konvergent, so ist das „gut", ist sie divergent, so ist das „schlecht". Erst auf einer späteren Stufe des Studiums wird diese Auffassung korrigiert werden können: Einerseits können konvergente unendliche Reihen für die Praxis unbrauchbar sein, weil die Teilsummen, die gute Näherungswerte für den Wert der unendlichen Reihe liefern, eine so große Summandenanzahl haben, daß sie für die numerische Auswertung nicht in Frage kommen; andererseits gibt es jedoch gewisse divergente Reihen, die trotzdem für die Praxis brauchbar sind; man kann nämlich unter gewissen Voraussetzungen vorliegenden Funktionen unendliche Reihen zuordnen – sogenannte asymptotische Reihen –, die meist divergieren, wobei jedoch Teilsummen mit geringer Summandenanzahl existieren, die für die vorliegende Funktion gute Näherungswerte liefern.

Sind die Glieder der vorgelegten Reihe komplexe Zahlen, so ist die Konvergenz gesichert, falls die Reihe der absoluten Beträge der Reihenglieder konvergiert. Man kann also die absolute Konvergenz von Reihen, deren Glieder komplexe Zahlen sind, mit den Hilfsmitteln dieses Programms behandeln.

Die Multiplikation von zwei gegebenen unendlichen Reihen wird im Programm nicht behandelt. Wir verweisen in diesem Zusammenhang auf das in dieser Reihe erscheinende Programm über „Potenzreihen".

Erprobungsversuche an der Technischen Universität Dresden ergaben, daß den meisten Studenten dieses Programm gut gefallen hat, daß sie es zwar anstrengend fanden, aber meinten, mit ihm mindestens ebenso gut wie mittels der Vorlesung studieren zu können.

uni—texte

Studienbücher

K. Brinkmann, Einführung in die elektrische Energiewirtschaft
für Elektrotechniker, Maschinenbauer, Verfahrenstechniker, Wirtschaftsingenieure
und Betriebswirtschaftler (im 2. Studienabschnitt)

G. Frühauf, Praktikum Elektrische Meßtechnik
für Elektrotechniker (3. und 4. Semester)

H. Gräser, Biochemisches Praktikum
für Biologen, Chemiker, Pharmazeuten und Mediziner (im 2. Studienabschnitt)

E. Henze / H. H. Homuth, Einführung in die Informationstheorie
für Mathematiker, Physiker und Elektrotechniker (3. Semester)

E. Henze / H. H. Homuth, Einführung in die Codierungstheorie
für Mathematiker, Informatiker, Naturwissenschaftler und Ingenieure (ab 3. Semester)

R. Jötten / H. Zürneck, Einführung in die Elektrotechnik I, II
für Elektrotechniker, Maschinenbauer und Wirtschaftsingenieure (1. bis 3. Semester)

K. F. Knoche, Technische Thermodynamik
für Studenten des Maschinenbaus und der Elektrotechnik (ab 1. Semester)

G. Kempter, Organisch-chemisches Praktikum
für Chemiker, Biologen und Mediziner (3. Semester)

K. Lemnitzer, Einführung in die Technik des Integrierens
Programm für Mathematiker, Naturwissenschaftler und Techniker (1. Semester)

W. Leonhard, Wechselströme und Netzwerke
für Elektrotechniker (3. Semester)

W. Leonhard, Einführung in die Regelungstechnik, Lineare Regelvorgänge
für Elektrotechniker, Physiker und Maschinenbauer (5. Semester)

W. Leonhard, Einführung in die Regelungstechnik, Nichtlineare Regelvorgänge
für Elektrotechniker, Physiker und Maschinenbauer (6. Semester)

K.-A. Reckling, Mechanik I, II, III
für Studenten der Ingenieurwissenschaften (1. und 2. Semester)

K. Torkar / H. Krischner, Rechenseminar in Physikalischer Chemie
für Chemiker, Verfahrenstechniker und Physiker (ab 3. Semester)

**M. Toussaint / K. Rudolph, Programmierte Aufgaben zur linearen Algebra
und analytischen Geometrie**
für Mathematiker und Physiker (ab 1. Semester)

H. Wenzel u. a., Einfachste Konvergenzkriterien für unendliche Reihen
Programm für Mathematiker, Naturwissenschaftler, Techniker und
Wirtschaftswissenschaftler (ab 1. Semester)

O. P. Spandl, Die Organisation der wissenschaftlichen Arbeit
für Studenten aller Fachrichtungen (ab 1. Semester)

H. Seiffert, Einführung in das wissenschaftliche Arbeiten
für Studenten aller geisteswissenschaftlichen, wirtschaftswissenschaftlichen,
naturwissenschaftlichen und technischen Fachrichtungen (ab 1. Semester)

MIX
Papier aus verantwortungsvollen Quellen
Paper from responsible sources
FSC® C105338

If you have any concerns about our products,
you can contact us on
ProductSafety@springernature.com

In case Publisher is established outside the EU,
the EU authorized representative is:
**Springer Nature Customer Service Center GmbH
Europaplatz 3, 69115 Heidelberg, Germany**

Printed by Libri Plureos GmbH
in Hamburg, Germany